河北省
农田节水技术模式汇编

◎ 河北省农业农村厅　组编

◎ 孟　建　丁民伟　韩江伟　范凤翠　赵玉靖　主编

中国农业科学技术出版社

图书在版编目（CIP）数据

河北省农田节水技术模式汇编 / 孟建等主编 . —— 北京：
中国农业科学技术出版社，2021.6

ISBN 978-7-5116-5347-5

Ⅰ . ①河… Ⅱ . ①孟… Ⅲ . ①农田灌溉—节约用水—汇
编—河北 Ⅳ . ① S275

中国版本图书馆 CIP 数据核字（2021）第 111650 号

责任编辑　徐定娜
责任校对　贾海霞
责任印制　姜义伟　王思文

出 版 者　中国农业科学技术出版社
　　　　　北京市中关村南大街 12 号　邮编：100081
电　　话　（010）82105169（编辑室）（010）82109702（发行部）
　　　　　（010）82109709（读者服务部）
传　　真　（010）82109707
网　　址　http://www.castp.cn
发　　行　各地新华书店
印 刷 者　北京科信印刷有限公司
开　　本　185 mm×260 mm　1/16
印　　张　10.75
字　　数　206 千字
版　　次　2021 年 6 月第 1 版　2021 年 6 月第 1 次印刷
定　　价　58.00 元

《河北省农田节水技术模式汇编》
编　委　会

主　任　　周进宝

编　委　　吴济民　　刘　曦　　张忠义　　孟　建

顾　问　　段玲玲　　郑红维　　李联习

《河北省农田节水技术模式汇编》
编写人员

主　编	孟　建	丁民伟	韩江伟	范凤翠	赵玉靖
副主编	韩　鹏	闫相如	刘胜尧	杨晓琳	康振宇
	王　平	李　娜	王　静	李旭光	贾文冬
	苏　婧	袁胜亮			
编　者	王庆锁	王志敏	王晓聪	王绍楠	成铁刚
	闫旭东	张　力	张立峰	张里占	张忠义
	张承礼	张泽伟	张喜英	刘玉华	刘　曦
	刘浩升	刘忠宽	李科江	李　燕	李爱国
	李浩然	李慧玲	李　媛	苏江慧	赵　立
	夏雪岩	许　春	贾秀领	奚玉银	周　霄
	杨素苗	杨会利	沈彦俊	檀海斌	郄东翔
	崔会芹	焦艳平			

前　言

　　2014年，国家确定在河北省开展地下水超采综合治理试点，要求河北为华北地区提供可复制、可推广的经验。试点区按照"节水优先、空间均衡、系统治理、两手发力"的治水思路，以实现地下水采补平衡为首要目标，以"节、引、调、补、蓄、管"为主要措施，形成了一批具有地方特色的集"生物节水、农艺节水、管理节水"为一体的农田节水技术模式，得到时任国务院副总理汪洋同志的肯定性批示。2019年，经国务院同意，水利部、财政部、国家发展改革委、农业农村部制定了《华北地区地下水超采综合治理行动方案》，将河北试点经验推向华北地区。

　　本书由河北省农业节水专家指导组和河北省农业技术推广总站专家编写而成，全文注重农业生产与节水的结合，总结提出了69项重点推广的农田节水技术模式，可供各级农业管理人员、农技人员和农业生产经营人员学习参考。

　　本书的编撰得到了河北省农业农村厅种植业处领导的大力支持，在此表示衷心感谢！由于时间仓促，且编者水平有限，书中难免有不足之处，敬请读者批评指正。

编　者

2020年6月24日

目　录

小麦节水省肥高产技术模式

一、技术简介

冬小麦有限灌溉和适量施肥相结合，配套关键调控技术，实现水肥高效和优质高产。该技术模式为农业农村部推介的全国主推技术。

二、技术要点

（一）优选品种

选用节水耐寒、穗容量大、灌浆较快的优质品种，种子质量合格、大小均匀。

（二）适墒晚播

适浇底墒水，使耕层土壤相对含水量达到田间最大持水量的75%以上。适当晚播，越冬苗龄 3～5.5 叶，每亩（1 亩 ≈ 667 m^2，全书同）基本苗 30 万～43 万株（随播期调整）。

（三）精耕匀播

1. 精细整地

前茬收获后及时粉碎秸秆，以碎丝状（＜8 cm）均匀铺撒还田，在适耕期旋耕 2～3 遍，耕深 13～15 cm，适当耙压，使耕层上虚下实，土面细平。

2. 窄行匀播

行距 15 cm，播深一致（3～5 cm），落籽均匀，避免机械下种管堵塞、漏播、跳播。先横播地头，再播大田中间。

（四）播后镇压

采用自走式均匀镇压机，播后待表土现干时，强力均匀镇压一遍。

（五）适期补灌

春季限浇 1～2 次水，春浇 1 水适宜时期为拔节—孕穗期；春浇 2 水，第 1 水在拔节期浇，第 2 水在开花期浇。每次每亩浇水量为 40～50 m^3。

（六）集中施肥

以"适氮稳磷补钾锌，集中基施，调优补施"为原则，调节施肥结构及施肥量。一般亩产 400 ～ 500 kg，氮肥纯氮用量 10 ～ 13 kg，全部基施，或以基肥为主（70%），拔节期少量补施（30%，看苗点片补施）。基肥施磷肥（P_2O_5）7 ～ 8 kg、钾肥（K_2O）7 ～ 8 kg、硫酸锌 1 kg。强筋小麦为提高籽粒蛋白质含量，花后可叶面喷氮（2% 尿素）1 ～ 2 次。

三、成本效益

大面积实施本项技术，节水节肥省工省电，春浇 1 水亩产 400 ～ 450 kg，春浇 2 水亩产可达到 500 ～ 550 kg。以春浇 1 水亩产 400 kg 计算，每亩产值为 950 元，亩均成本投入为 630 元左右，亩均纯收益为 320 元左右；与常规高产技术（春浇 3 水）相比，亩纯效益减少 100 元左右。以亩产 450 kg 计，其纯效益与常规技术持平。以春浇 2 水亩产 500 kg 计算，每亩产值为 1 180 元，亩均成本投入为 675 元左右，亩均纯收益为 505 元；与常规高产技术（春浇 3 水）相比，亩纯效益增加 90 元左右。

四、应用效果

与常规技术比较，亩节水 50 ～ 100 m³，节氮 20% ～ 33%，水分利用效率 1.6 ～ 1.8 kg/m³。在冬小麦—夏玉米一年两熟制下，冬小麦晚播节水增效，夏玉米晚收增产增效。

五、适用范围

适用于河北中南部地区，适宜的土壤类型为砂壤土、轻壤土和中壤土。

基于墒情苗情结合的冬小麦水肥一体测墒补灌技术

一、技术简介

在小麦需水关键期对土壤墒情和小麦苗情进行监测，结合气象预报，决定是否在该期补水。

二、技术要点

（1）选用节水高产小麦品种。

（2）利用土壤水分速测技术，在小麦播种整地前、越冬前、拔节、开花等时期监测 0～10 cm、10～20 cm、20～100 cm 土层的墒情。同时，开展小麦个体群体生长发育指标的调查。

（3）根据墒情、苗情和不同生育时期对水分亏缺的分级评价指标确定灌溉指标，结合天气预报，当田间土壤含水量达到灌溉指标且近期无有效降雨时进行灌溉。

借助指针式喷灌、滴灌、微喷灌等工程节灌方式，实现水肥一体精准定时定量灌溉。

三、应用效果

与常规技术相比，亩节水 36.3 m³，水分利用效率提高 10% 以上，节电 30～35 kW·h。

四、适用范围

适用于河北平原有灌溉条件的壤土类冬小麦—夏玉米一年两熟种植区。

冬小麦微喷水肥一体化技术

一、技术简介

冬小麦微喷水肥一体化技术是将肥料溶解在水中，借助微喷带，灌溉与施肥同时进行，将水分、养分均匀持续地运送到根部附近的土壤，实现小麦按需灌水、施肥，适时适量地满足作物对水分和养分的需求，提高水肥利用效率，达到节本增效、提质增效、增产增效的目的。

二、技术要点

（一）水源准备

水源可以为水井、河流、渠道、蓄水窖池等，灌溉水水质应符合有关标准要求。

首部枢纽包括提水、加压、过滤、施肥和控制测量等设备。根据水源供水能力、耕地面积、灌溉需求等确定首部设备型号和配件组成；过滤设备采用离心加叠片或者离心加网式两级过滤；施肥设备宜采用注肥泵等控量精准的施肥器。水泵型号的选择应满足设计流量、扬程要求，如供水压力不足，需安装加压泵。

（二）喷灌带

根据土壤质地、种植情况采用 N35、N40、N50 和 N65 等型号的斜 5 孔微喷带，具体参数见表 1。产品质量应符合《农业灌溉设备 微喷带》（NY/T 1361）标准要求。微喷带通过聚氯乙烯（PVC）四通阀门或聚乙烯（PE）鸭嘴开关与支管连接。微喷带工作的正常压力为 0.03 ～ 0.06 MPa。

表 1 不同型号微喷带参数

型号	最大喷幅（cm）	工作压力（MPa）	最大铺设长度（m）
N35	100	0.03 ～ 0.04	50
N40	150	0.03 ～ 0.04	50
N50	200 ～ 250	0.04 ～ 0.06	70
N65	240 ～ 300	0.04 ～ 0.06	70

（三）田间布设

主管道埋入地下，埋深 70～120 cm，每隔 50～90 m 设置 1 个出水口。田间铺设的地面支管道采用 PE 软管或涂塑软管，支管承压 ≥ 0.3 MPa，间隔 80～120 m。

以地边为起点向内 0.6 m，铺设第一条微喷带，微喷带铺设长度不超过 70 m，与作物种植行平行，间隔按照所选微喷带最大喷幅布置。具体根据土壤质地确定，沙土选择 1.2 m，壤土和黏土选择 1.8 m；微喷带的铺设宜采用播种铺带一体机。

微喷带铺设时应喷口向上，平整顺直，不打弯，铺设完微喷带后，将微喷带尾部封堵。灌溉水利用系数达到 0.9 以上，灌溉均匀系数达到 0.8 以上。

（四）水肥一体化技术模式

1. 灌溉施肥制度

足墒播种后，春季肥水管理关键时期分别为返青期、拔节期、孕穗期、扬花期、灌浆期。冬小麦全生育期微喷灌溉 4～5 次。

冬小麦施肥：追肥可用水溶性肥料，大量元素水溶肥料应符合《大量元素水溶肥料》（NY 1107）标准要求。施肥量参照《测土配方施肥技术规程》（NY/T 2911）规定的方法确定，并用水肥一体化条件下的肥料利用率代替土壤施肥条件下的肥料利用率进行计算。氮肥总用量的 30% 用作基肥，70% 用作追肥，以酰胺态或铵态氮为主。磷肥全量底施或 50% 采用水溶性磷肥进行追施。钾肥 50% 底施，50% 追施。后期宜喷施硫、锌、硼、锰等中微量元素肥料。冬小麦灌溉施肥总量和不同时期用量按表 2 执行。

表 2　冬小麦不同生育期微喷灌溉施肥推荐量

生育期	灌水量（m³/亩）	施肥量（kg/亩）		
		N	P₂O₅	K₂O
造墒／基肥	0～30	4.8～6	5～8	4～6
越冬	0～20	—	—	—
拔节	15～20	2.4～3.6	—	—
孕穗	18～25	1.8～2.7	—	2～4
扬花	18～20	1.0～1.6	5～8	2～4
灌浆	15	0.8～1.1	—	—
总计	66～130	10.8～15	10～16	8～12

注：在缺锌地区通过底施或水肥一体化每亩追施一水硫酸锌 2 kg。

灌溉施肥时，每次先用约 1/4 灌水量清水灌溉，然后打开施肥器的控制开关，使肥料进入灌溉系统，通过调节施肥装置的水肥混合比例或调节施肥器阀门大小，使肥液以一定比例与灌溉水混合后施入田间。每次加肥时须控制好肥液浓度。施肥开始后，用干净的杯子从离首部最近的喷水口接一定量的肥液，用便携式电导率仪测定 EC 值，确保肥液 EC<5 mS/cm。每次施肥结束后继续用约 1/5 灌水量清水灌溉，冲洗管道，防止肥液沉淀堵塞灌水器，减少氮肥挥发损失。

2. 灌溉制度的调整

由于年际间降水量变异，每年具体的灌溉制度应根据农田土壤墒情、降水和小麦生长状况进行适当调整。

土壤墒情监测按照《农田土壤墒情监测技术规范》（NY/T 1782）规定执行。苗情监测方法：在冬前、返青、起身、拔节、穗期等小麦的主要生长时期，每个监测样点连续调查 10 株，调查各生育期的小麦苗情。

三、应用效果

比传统灌溉可节水 30% 以上，提高化肥利用率 30% 以上，增产 30%，增收 20%，节省用工 35% 以上。

四、适用范围

适用于河北省冬小麦微喷水肥一体化生产。

冬小麦测墒节灌技术

一、技术简介

华北地区水资源十分紧缺，麦田灌溉主要依靠超采地下水，大水漫灌、盲目灌溉导致地下水位逐年下降。现实生产中浇水过多、施氮过量、水肥利用率低的问题突出。通过开展土壤墒情监测，了解土壤水分状况，建立墒情评价指标体系，结合作物长势长相和天气预测，制定灌溉方案，在确保高产稳产的前提下提高水分利用效率，实现节水高产目标。

二、技术要点

（一）测墒灌溉

1. 墒情监测

固定自动监测点：选择农田代表性强的监测点，应用固定式土壤墒情自动监测站或管式土壤墒情自动监测仪进行整点数据自动采集，包括土壤含水量（0～20 cm、20～40 cm、40～60 cm、60～100 cm）和土壤温度等参数。

农田监测点：应用土壤墒情速测仪或传统烘干法测定0～20 cm、20～40 cm土壤含水量，以GPS仪定位点为中心，长方形地块采用"S"形采样法，近似正方形田块则采用棋盘形采样法，向四周辐射确定多个数据采集点，每个监测点测重量含水量不少于3个点，测容积含水量不少于5个点，求平均值。每月10日、25日测定数据，关键生育期和干旱发生时加密监测。

2. 按照墒情监测结果，播前足墒播种

当土壤墒情达到下页表不足时灌溉。足墒播种的麦田不提倡冬灌。抢墒播种且土壤墒情达到干旱时应及时冬灌。冬灌要求：在日平均气温稳定下降到3℃左右时进行越冬水灌溉。北部区域为了防冻害，可适当进行冬灌。返青—拔节期根据不同苗情和墒情进行分类管理，结合灌溉进行追肥。旺苗田墒情达到重旱时在拔节中期灌溉；墒情达到干旱时在拔节后期灌溉；土壤墒情在不足时不灌溉，但应及时趁雨追肥。一类苗墒情达到重旱时及时灌溉；达到干旱时在拔节中期灌溉；达到不足时可不灌溉，

但应及时趁雨追肥。二类苗土壤墒情达到干旱时及时灌溉；达到不足时拔节初期灌溉；不缺水时可不灌溉，但应及时趁雨追肥。三类苗以促为主，返青至拔节期土壤墒情达到不足时及时灌溉。浇后及时锄划保墒，提高地温。不缺水时可不灌溉，但应及时趁雨追肥。扬花期土壤墒情达到干旱时灌溉。灌浆期土壤墒情达到干旱时，进行小定额灌溉，每亩灌水量 30～40 m³。忌大水漫灌，防后期倒伏。

表　华北冬小麦土壤墒情指标　　　（土壤相对含水量单位：%）

监测深度和墒情情况	生育时期					
	播种—出苗	越冬	返青—起身	拔节	扬花	灌浆
监测深度（cm）	0～20	0～40	0～60	0～60	0～80	0～80
适宜	70～85	65～80	70～85	70～90	70～90	70～85
不足	65～70	60～65	65～70	65～70	65～75	60～70
干旱	55～65	50～60	55～65	55～65	60～65	55～60
重旱	<55	<50	<55	<55	<60	<55

（二）选用耐旱品种

优先选用石麦 15、石麦 22、衡观 35、轮选 103、邢麦 7 号、邯麦 13、冀麦 418 等耐旱节水高产品种。此外，熟期早的品种可缩短后期生育时间，减少耗水量，减轻后期干热风危害程度。穗容量大的多穗型品种利于调整亩穗数及播期，灌浆强度大的品种籽粒发育快，结实时间短，粒重较稳定，适合应用节水高产栽培技术。

（三）浇足底墒水

播前补足底墒水，保证麦田 2 m 土体的储水量达到田间最大持水量的 85% 左右。底墒水的灌水量由播前 2 m 土体水分亏额决定，一般在常年 8 月和 9 月降水量 200 mm 左右条件下，小麦播前浇底墒水 75 mm，降水量大时，灌水量可少于 75 mm，降水量少时，灌水量应多于 75 mm，使底墒充足。

（四）适量施氮，集中施磷

亩产 500 kg 左右，氮肥（N）用量 10～13 kg，部分基施，拔节期少量追施，适宜基追比 6：4。小麦播种时集中亩施磷酸二铵 20～25 kg。高产田需补施硫酸钾

$10 \sim 15$ kg。

（五）适当晚播

早播麦田冬前生长时间长，耗水量大，春季时需早补水，在同等用水条件下，限制了土壤水的利用。适当晚播，有利节水节肥。晚播以不晚抽穗为原则，按越冬苗龄 $3 \sim 5$ 叶确定具体的适播日期。

（六）增加基本苗

严把播种质量关，本模式主要靠主茎成穗，在前述晚播适期范围内，以亩基本苗 30 万株为起点，每推迟 1 d 播种，基本苗增加 1.5 万株，以基本苗 45 万株为过晚播的最高苗限。为确保苗全、苗齐、苗匀和苗壮，要做到以下几点：一是精细整地。秸秆还田应仔细粉碎，在适耕期旋耕 $2 \sim 3$ 遍，旋耕深度要达到 $13 \sim 15$ cm，耕后耙压，使耕层上虚下实，土面细平。耕耙作业，时间服从质量。二是精选种子。籽粒大小均匀，严格淘汰碎瘪粒。三是窄行匀播。行距 15 cm，做到播深一致（$3 \sim 5$ cm），落籽均匀。调好机械、调好播量，避免下籽堵塞、漏播、跳播。地头边是死角，受机压易造成播种质量差、缺苗，应先播地头，再播大田中间。

（七）播后镇压

旋耕地播后待表土现干时，务必镇压。选好镇压机具，强力均匀镇压。

三、应用效果

在中上等肥力土壤上实施该项技术，比传统高产栽培方式每亩减少灌溉水 $50 \sim 100$ m^3，水分利用率提高 $15\% \sim 20\%$。

四、适用范围

适用于年降水量 $500 \sim 700$ mm 的地区，适宜土壤类型为砂壤土、轻壤土及中壤土类型，不适于过黏重土及砂土地。

冬小麦全程节水稳产压采技术

一、技术简介

小麦全程节水技术以土壤保水、镇压保墒和春灌一水为核心，综合集成抗旱品种、深耕深松、一喷三防等技术，提高自然降水和灌溉水的利用效率，大幅度压减抽取地下水，实现稳产节水、提质增效，促进华北冬小麦生产向绿色、优质和可持续发展转型升级。

二、技术要点

（一）择优选种

在小麦品种选择上优先选用根系发达、灌浆强度大、抗旱性、抗逆性强的品种，如石麦 15、石麦 22、衡观 35、轮选 103、邢麦 7 号、邯麦 13、冀麦 418 等。利用品种间的抗旱节水潜力，每亩可实现节水 20～30 m^3。

（二）深耕深松

根据土壤实际情况，每 2～3 年深松或深耕 1 次，深度为 30 cm 左右。深耕深松可以打破犁底层，改善土壤物理性质，增加土壤孔隙度，提升土壤保水保肥能力，促进根系对土壤养分的吸收，从而促进植株生长和根系下扎，提高小麦抗旱性，增产 5%～10%。

（三）秸秆还田

玉米秸秆直接粉碎还田，利用秸秆覆盖减少地表水分蒸发和地表径流，蓄积雨水，为冬小麦蓄足底墒创造条件。同时通过秸秆还田增加土壤有机质，提升耕地地力。

（四）精细整地

玉米收获后，精细整地，还田秸秆要打碎、撒匀，精细旋耕 2～3 次，做到土壤上虚下实，土面细平保墒。

（五）浇足底墒水

播前灌足底墒水，并通过耕作措施，减少土壤蒸发。冬小麦播种前每亩灌水量 50 m^3 即可，切忌抢墒播种。如果夏玉米生长季节降水偏多，在玉米收获时土壤很湿，可以不浇底墒水。

（六）小麦缩行种植

小麦行距由常规的 18～20 cm 缩小至 10 cm 左右。缩行种植是以主茎成穗为主的小麦栽培技术，按照预期成穗数确定播种量，一般掌握基本苗 35 万～40 万株。

（七）施用保水剂

使用保水剂的方法有 3 种。一是拌种，将小麦种子放入一定的容器内或摊在塑料布上，将凝胶型保水剂倒在种子上，均匀搅拌，使保水剂均匀地粘在种子周围，混合均匀后，将种子在室内摊开晾干，避免阳光暴晒，用量每 500 mL 保水剂拌种 10～15 kg 小麦种子。二是沟施或穴施，可将颗粒型保水剂与肥料混合均匀，随播种机种肥一起播入，种完浇一次透水即可，亩用量 3～5 kg。三是撒施，将颗粒型保水剂与适量细土混匀，均匀地撒在地面，撒完后翻地浇水即可，亩用量 8 kg 左右。

（八）适期晚播

小麦从播种到拔节约 180 d，拔节期前作物覆盖度小，耗水多以地面蒸发为主，小麦适期晚播，播后垄内镇压，减少冬前麦田无效耗水。

（九）春季测墒灌溉

开展墒情监测，返青—拔节期根据不同苗情和墒情进行分类管理。旺苗田墒情达到重旱时在拔节中期灌溉；墒情达到干旱时在拔节后期灌溉。一类苗墒情达到重旱时及时灌溉；达到干旱时在拔节中期灌溉。二类苗土壤墒情达到干旱时及时灌溉；达到不足时拔节初期灌溉。三类苗以促为主，返青至拔节期土壤墒情达到不足时及时灌溉。浇后及时锄地保墒，提高地温。全生育期灌溉定额 40～80 m^3。

（十）一喷三防

在小麦穗期使用杀虫剂、杀菌剂、植物生长调节剂、微肥等混合喷打，达到防病虫、防干热风、防早衰、增粒重，确保小麦增产增收。

三、应用效果

实现小麦稳产，亩产 400 kg 以上，比传统灌溉可节水 50% 以上，减少地下水超采，促进小麦雨养或半雨养种植。

四、适用范围

适用于河北省冬小麦生产区。

冬小麦节水品种及稳产配套技术

一、技术简介

针对河北省水资源严重匮乏与小麦用水浪费并存的突出问题，研究集成了稳定实现小麦节水稳产的品种和技术措施，创建了以"选用节水品种、足墒播种、播后镇压、精准播种、减次灌溉"为核心的小麦节水稳产高效技术体系。

二、技术要点

（一）选用节水品种

根据抗旱节水性鉴定评价与节水丰产性示范，选用适宜当地种植的节水性和丰产性兼顾的品种，如农大 399、轮选 103、婴泊 700、石农 086、石麦 15、衡观 35 等。

（二）药剂拌种

为预防土传、种传病害和地下害虫，可以使用杀虫剂、杀菌剂及生长调节物质包衣的种子。未包衣的种子，应采用药剂拌种。

（三）浇足底墒水、切忌抢墒

通过浇足底墒水来增加土壤蓄水，可推迟春季灌水时间，实现节水栽培，同时利于一播全苗。例如，玉米生育后期无大的降雨过程，提倡玉米带棵洇地，补充 2 m 土体土壤水分。切忌抢墒播种后，浇蒙头水。

（四）施足底肥

适当增施底肥，有利于培育冬前壮苗，缓解麦田春季管理时水分和养分的矛盾，为推迟春季浇水时间创造条件。提倡增施有机肥。

（五）精细整地

按照规范化作业程序进行前茬玉米秸秆还田和整地，玉米收获后要趁秸秆含水量高时及时粉碎，用旋耕机旋耕 2～3 遍后整地播种。连续 3 年旋耕的地块，须深松 20 cm。结合整地修整好灌溉沟渠，提倡采用地下管道输水和水肥一体化灌溉。

（六）适期晚播

在适宜播种期范围内，适当推迟播种，并配套适宜播量，既可以实现冬前壮苗，又有利于减少冬前水分蒸腾，增加每穗占有种子根数量，实现节水抗旱，增强抗寒能力。冀中南麦区适宜播种期为 10 月 4 日—10 月 14 日，冀中北和冀东麦区适宜播种期为 9 月 24 日—10 月 5 日。

（七）精准播量

在适宜播种期范围内，冀中南麦区应掌握亩基本苗 22.5 万株左右，冀中北麦区应掌握亩基本苗 25 万株左右，上下浮动 2 万株。超出适宜播种期后，每晚播 1 d，增加 0.5 kg 播量，实现播期播量配套。

（八）等行密植

采用 15 cm 等行距播种，可有效利用土地资源和光热资源，减少水分消耗，改善群个体结构。播种深度 4～5 cm。

（九）播后适当镇压

播后镇压可以有效碾碎坷垃、踏实土壤、增强种子和土壤的接触度，提高出苗率，起到抗旱抗寒作用。小麦播种后 1～2 d，0～3 cm 表土发干变黄，0～20 cm 表层土壤相对含水量轻壤土 ≤ 85%，中壤土、重壤土 ≤ 80% 时，利用专用镇压器进行镇压作业。中壤土一般宜采用每延米 120 kg 的强度进行镇压。

（十）杂草秋治

冬前及早做好麦田杂草的化学防治。

（十一）早春镇压划锄、提墒保墒

土壤裂缝和坷垃较多的麦田，在早春土壤化冻后及时镇压，镇压后进行划锄，以踏实土壤、弥合裂缝，减少水分蒸发，促进根系生长。

（十二）减次灌溉

足墒播种的，不再浇冻水。推迟春一水到拔节期，突出浇好拔节水，适墒浇灌孕穗灌浆水。丰水年份春季只浇拔节期一水，干旱年份浇拔节水和孕穗灌浆水两水。每亩每次灌水量 40～50 m³。春季随第一水追施占总量 50% 的氮肥。强筋小麦品种春季追肥分 2 次施用，其中 80% 的追肥随浇春季第一水追施，其余随浇春季第二水追施。

（十三）防灾减灾

旺长麦田和株高偏高的品种，在起身期前后做好化控防倒。从抽穗到灌浆期，进行 1～2 次病虫害防治。后期提倡杀虫剂、杀菌剂、抗干热风制剂的"一喷综防"，提高工效。

三、应用效果

与常规技术相比，亩节水 50 m³，增产率 3.15%，亩均增效 70 元以上。

四、适用范围

适用于河北省地下水超采区。

黑龙港地区冬小麦限水灌溉节水生产技术

一、技术简介

针对小麦生产中灌溉水、用量过大的问题，研究创建了以"雨养旱作、贮墒旱作或冬前灌一水、足墒播种春灌一水、足墒播种春灌两水"为主要限灌技术模式的小麦限灌节水绿色增效技术体系。

二、技术要点

（一）足墒播种春灌两水模式

1.足墒播种

播前浇底墒水，使麦田 $0 \sim 40$ cm 土层的含水量达到田间最大持水量的 $75\% \sim 85\%$。一般年份底墒水灌溉量每亩 $40 \sim 50$ m^3。

2.灌水时期及灌水量

第一水灌溉时期为起身期—拔节期，第二水灌溉时期为抽穗期—开花期，每次灌水量每亩 $40 \sim 50$ m^3。

（二）足墒播种春灌一水模式

1.足墒播种

播前浇底墒水，使麦田 $0 \sim 40$ cm 土层的含水量达到田间最大持水量的 $75\% \sim 85\%$。一般年份底墒水灌溉量每亩 $40 \sim 50$ m^3。

2.灌水时期及灌水量

灌溉时期为起身—拔节期，灌水量每亩 50 m^3。

（三）适墒播种冬前灌一水模式

1.适墒播种

不浇底墒水，在耕层土壤含水量达到田间最大持水量的 70% 左右时播种。

2.灌水时期及灌水量

冬前灌一水，灌水量每亩 50 m^3。

（四）贮墒旱作模式

1. 播前贮墒

根据夏秋降雨确定底墒水灌溉量，使 2 m 土体贮水量达田间最大持水量的 90% 以上，一般年份需灌底墒水每亩 50 m³。

2. 生育期旱作

播后至成熟期不灌溉。农田免做畦埂。

（五）生产管理措施

1. 品种选择

选用分蘖力强、成穗率高、根系发达、抗逆性强的通过审定、适宜本区域种植的品种。足墒播种春灌一水和春灌两水模式可选用石麦 22、农大 399、石农 086、邢麦 7 号、邯麦 15、沧麦 119、沧麦 028 等；适墒播种冬前灌一水模式和贮墒旱作可选择沧麦 6002、沧麦 6005、捷麦 19、石麦 22、衡 4399 等。

2. 秸秆还田

前茬秸秆粉碎还田，成碎丝状，长度 < 5 cm，均匀散开铺撒于地表，翻耕还田。

3. 浇　水

根据不同限灌节水模式要求进行浇水。

4. 施　肥

以"限氮稳磷补钾锌，集中基施"为原则，亩施腐熟有机肥 1～2 m³，N 11～14 kg，P_2O_5 7～9 kg、K_2O 7～9 kg、$ZnSO_4$ 1 kg。贮墒旱作模式和冬前灌一水模式，肥料全部基施；春灌一水和春灌两水模式，采用磷钾肥和 70% 氮肥基施，30% 氮肥于春季灌水时追施。

5. 整　地

精细整地，旋耕 2 遍，旋耕深度 15 cm 左右，保证作业质量。旋耕后适当耙压。

6. 播期与播量

适期播种，冬前叶龄 4.5～6 叶期为宜，适宜播期为 10 月 5—10 日。播量与播期应协调，10 月 5 日播种每亩播量 12.5～15 kg（贮墒旱作模式取上限），每晚播一天播量增加 0.5 kg，最多不超过 22.5 kg。

7. 播种质量

严格调整好机械，行距 15 cm，调好播量，提高播种质量，避免下籽堵塞、漏播、跳播，做到各排种口流量一致，播深一致（播深 3～5 cm），下籽均匀。

8. 播后镇压

播种后选择专用镇压器根据土壤墒情及时镇压。

9. 病虫草害防治

预防为主、综合防治。按照病虫草害发展规律，科学使用化学防治技术。病害重点防控根腐病、纹枯病、茎基腐病、白粉病、锈病、赤霉病等；虫害重点防控蚜虫、红蜘蛛、吸浆虫、棉铃虫、地老虎、蛴螬、蝼蛄等；草害重点防控播娘蒿、藜、荠菜等阔叶类杂草，以及雀麦、燕麦、节节麦等禾本科杂草。冬前防治在小麦3～5叶期、春季防治在小麦返青期—起身期进行，选择晴天无风且最低气温不低于4℃时用药。在抽穗至灌浆前中期，将杀虫剂、杀菌剂与磷酸二氢钾（或其他微肥）等混配一次性施药，实施"一喷多防"。

10. 收　　获

蜡熟末至完熟初期及时收获。

三、应用效果

足墒播种春灌两水模式亩产500～550 kg，足墒播种春灌一水模式亩产400～500 kg，适墒播种冬灌一水模式亩产380～450 kg，贮墒旱作模式亩产380～450 kg。与常规技术相比，亩均节水40～50 m³，亩均节省氮肥（尿素）4 kg，亩均增产15 kg以上。

四、适用范围

适用于华北平原深层地下水严重超采区。

山前平原区冬小麦限水灌溉稳产增效技术

一、技术简介

在春季灌一水情况下实现亩产 400 ~ 500 kg 的技术。

二、技术要点

（一）一水两用

在玉米成熟前 7 ~ 10 d 浇灌浆水，实现玉米增产，同时为小麦贮存底墒。

（二）节水品种

选用分蘖力强、成穗率高的节水小麦品种。

（三）晚播增量

播期 10 月 16 日左右，亩播量 20 kg 左右。

（四）等行全密

采用 16 cm 等行距种植形式。

（五）播后镇压

在小麦播种后出苗前，表层土壤适宜时用强力镇压器进行镇压（单延米重量 125 kg 左右），起到保墒抗寒的作用。

（六）春灌一水

在小麦起身拔节期灌水一次，亩灌水量 50 ~ 60 m³。

三、成本效益

比充分灌溉每亩减少用水 50 m³ 左右。产量比充分灌溉减少 10% ~ 15%，每亩产出减少 100 ~ 150 元；减少电费投入 10 ~ 20 元、减少劳动力成本 20 ~ 40 元。总效益减少 70 ~ 120 元。

四、适用范围

适用于太行山山前平原灌溉农区。

冬小麦—夏玉米贮墒旱作栽培技术

一、技术简介

冬小麦—夏玉米一年两熟，播前或播后浇水贮墒，生育期内旱作，全年亩产可达吨粮。

二、技术要点

（一）冬小麦关键技术

1. 播前贮墒

浇足底墒，使 2 m 土体贮水量达到田间最大持水量 90% 以上，常年亩浇水 50 m³。

2. 优选品种

选用抗旱耐寒、穗容量大、后期叶片持绿性好和灌浆快的节水品种，种子质量合格、大小均匀。

3. 增加播量

适期播种，入冬苗龄 4～5 叶，亩基本苗 38 万～45 万株（随播期调整）。常年以 10 月 12—16 日为最适播期。

4. 精耕匀播

① 精细整地：前茬收获后及时粉碎秸秆，以碎丝状（＜8 cm）均匀铺撒还田，在适耕期旋耕 2～3 遍，耕深 13～15 cm，适当耙压，使耕层上虚下实，土面细平。② 窄行匀播：行距 15 cm，播深一致（3～5 cm），落籽均匀，避免机械下种管堵塞、漏播、跳播。先横播地头，再播大田中间。

5. 二次镇压

采用自走式均匀镇压机，播后待表土现干时，强力均匀镇压一遍。早春返青期，再适时镇压（带锄划装置）一遍。

6. 集中施肥

中上等地力下，冬小麦—夏玉米全年亩施氮量 25 kg 左右，60%～70% 用于小麦，且小麦肥料集中基施。基肥中除氮肥外，亩施磷肥（P_2O_5）7～8 kg、钾肥（K_2O）7～8 kg、硫酸锌 1 kg。

（二）夏玉米关键技术

1. 及时早播

旱作小麦成熟早，收获后应及时播种玉米。

2. 精量匀播

确保亩基本苗 5 000 株，等行等深播种，提高机播质量。

3. 适量施肥

种、肥同播，种、肥间距 10 cm，采用氮磷钾复合肥，氮素为全年总量的 30%～40%（8～10 kg）。

4. 播后补墒

播后立即浇出苗水，亩浇水量 50 m^3。

5. 田间管理

化控与病虫草害防治同常规。

三、应用效果

与常规技术比较，全年亩节水 120～150 m^3，节氮 20% 左右，水分利用效率约为 2.0 kg/m^3。

四、适用范围

适用于河北省中南部地下水严重超采区，适合土壤类型为砂壤土、轻壤土和中壤土。

麦田自走式均匀镇压机应用技术

一、技术简介

一种麦田新型镇压机,自走式可调幅,镇压均匀高效,适合麦田播后和苗期镇压。

机械性能如下。

型号:LYZ-2.2。

最大行走速度(km/h):≥6。

工作幅宽(m):1 700～2 200。

生产率(亩/h):15～20。

压实度(kg/m^2):0.8～1.0。

平整度(%):>70。

二、技术要点

1.播后镇压

播后待表土现干时,用自走式镇压机均匀镇压一遍。播后镇压能有效破碎坷垃,沉实耕层,控制跑墒,加大提墒。增强种子与土壤的接触度,提高出苗率,起到既抗旱又耐寒的作用。

2.控旺镇压

对于冬前或早春旺长麦田,采用自走式镇压机进行冬季或春季镇压,控旺增产提质增效明显。若只选择进行一遍镇压,冬季镇压效果优于春季镇压。

3.返青镇压

早春麦苗返青期根据土壤墒情和板结情况,适当镇压,可配合锄划,能破除板结,弥合裂缝,提墒保墒,除草促苗。

三、应用效果

在秋种墒情不足年份减少"浅播压水"因耕层松塇而超量用水,大幅度减少播后第一次浇水的用水量，用水减少 10 ～ 20 m³。亩镇压一遍，成本约 10 元，起到提墒保墒、防旱抗寒、护根健苗多重作用，稳产增产效果显著。

四、适用范围

适用于河北省麦田，适合土壤类型为砂壤土、轻壤土、中壤土和轻黏土。盐碱地、重黏土和土壤湿度较大（相对含水量超过 80%）时不宜镇压。

玉米全程机械化高效节水综合技术

一、技术简介

玉米全程机械化高效节水综合技术是指在玉米生产"耕、种、管、收、贮"主要生产环节全部采用机械化作业的前提条件下，并实现节水、节肥。

二、技术要点

河北省夏玉米生产中，耕、种、收作业环节已基本实现机械化，但灌溉、植保、果穗贮藏环节机械化程度较低。该技术是以"玉米清垄免耕施肥高效精播技术""玉米智能化对行淋灌技术""自动伸缩式喷灌技术""水肥一体化技术""玉米中后期田间管理综合机械化技术""玉米果穗风干仓贮藏技术"为核心的黄淮海地区夏玉米高效节水全程机械化生产技术。

（一）玉米清垄免耕施肥高效精播技术

结合拖拉机北斗导航辅助驾驶技术，采用玉米清垄免耕精量播种机进行麦茬地玉米清垄免耕精播，一次作业完成苗带秸秆清理、施肥、播种、碎土、镇压等工序，大幅提高作业效率及播种质量，防治二点委夜蛾虫害发生。

（二）玉米智能化对行淋灌技术

玉米智能化对行淋灌技术配套玉米清垄播种机使用，在精密播种后，及时利用卷盘式或大型平移式对行淋灌机对玉米地进行局部对行带状灌溉。淋灌机喷头设置于玉米苗带上方 30～50 cm 处，实现低压、大水滴喷淋，减少水分漂移和蒸发，大幅提高水分利用率和灌溉速度。灌溉机配置有灌水量控制、故障检测、远程报警等功能，操作简单，适用于规模化种植使用。

（三）自动伸缩式喷灌技术

自动伸缩式喷灌技术采用多节套管结构，管道与喷头埋设于地下，地上高度最大可达到 3 m。灌溉时喷头自动伸出地面，灌溉完成后喷头自动缩回地面以下 40 cm 处，适合全程机械化作业和水肥一体化作业，实现了大田作物灌溉施肥自动化轻简化管理，省工省力、节水节肥。

（四）智能水肥一体化技术

水肥智能管理系统，根据作物需水需肥规律，及时、定时、定量灌溉施肥，实现水肥精准控制，调高水肥利用率，减少因水肥过量和施用不及时而造成的资源浪费和环境污染。

三、成本效益

与现有玉米种植技术相比，使用该技术的成本投入主要增加在油耗和设备折旧费，每亩增加为 88 元。增收节支主要为增产增收、省工、节水、节电、节肥、节药。亩均减少劳务用工 2.2 个、亩均节水 50 m^3、节肥 10 kg、节药 6.5 元，亩纯增效益 194 元。

四、应用效果

该项技术已在河北省邯郸、邢台、石家庄、衡水、保定等地区和 40 多个全程机械化项目县示范推广，不仅提高了作业效率，降低了劳动强度，更重要的是争抢了农时，减少了农资用量，保护了生态环境，降低了生产成本，提高了农民收入。

五、适用范围

适用于黄淮海夏玉米种植区。

一年一熟制玉米节水种植模式

一、技术简介

5—6月等雨趁墒播种，在保证玉米出苗的基础上，一般年份全生育期浇水1次，亩灌水40～50 m³，有条件的地方，提倡采用水肥一体化技术，减少浇水量。

二、技术要点

（一）整　　地

秋季收获玉米后，提倡在秸秆粉碎还田基础上深耕（松）30～40 cm，打破犁底层，平整土地（翻、耕、耙、耢），利于土体贮存冬春季降水，增强土壤保水保肥能力。

（二）品种选用

选用通过国家或河北省农作物品种审定委员会审定的玉米品种。宜选择丰产性能好、综合抗性好、经济系数较高的耐密型中熟或中晚熟品种。

（三）种子质量和种子处理

播种前种子进行精选。用于播种的种子质量应达到以下标准：纯度≥98%，净度≥98%，发芽率≥95%，含水量≤13%，发芽势强，籽粒饱满均匀，无破损粒和病粒。对种子进行种衣剂包衣或药剂拌种。

（四）精细播种

1. 播种期

一般在5—6月等雨或适墒播种，以适当早播且要避开灰飞虱为害和授粉期高温为原则。

2. 播种形式和播种量

采用50～60 cm等行距或宽窄行（宽行距80 cm与窄行距40 cm交替）机械播种，做到播深一致、下种均匀。播种后及时镇压保墒。根据品种特性、留苗密度及种子质量等因素综合确定适宜播种量，一般每亩2.5～4 kg。

3.免耕播种技术

采用施肥播种机免耕播种。根据测土配方，计算施肥量。采用缓释肥或玉米专用肥一次底施的方法，每亩底肥用量折合纯氮 12 ～ 15 kg，保证种和肥间距 5 cm 以上，防止烧苗。有条件的地方，推荐采用种植行清垄种肥异位同播技术。

4.浇出苗水

播种后 0 ～ 50 cm 土壤含水量低于田间持水量 70% 时，立即浇出苗水，亩灌水量 40 ～ 50 m³。

5.播种后防治病虫草害

播种后，墒情好时进行封闭式喷雾，墒情差时进行定向喷雾处理防除田间杂草。喷施除草剂时，添加防治灰飞虱、蚜虫及其传播的病毒病的药剂。喷药时应退着均匀喷雾于土壤表面，切忌漏喷或重喷，以免药效不好或发生局部药害。另外，注意不要在雨前或有风天气进行喷药。

（五）苗期管理

1.间苗定苗

玉米 3 ～ 4 片展叶期间苗，5 ～ 6 片展叶期定苗。去小苗、病苗、自交苗和与品种特性不符的杂苗，留壮苗匀苗。缺苗时可留双株。

2.留苗密度

根据品种特性和当地风灾情况确定留苗密度。紧凑型、矮秆品种亩留苗 4 200 ～ 5 200 株，高秆紧凑型或中秆半紧凑型品种亩留苗 3 600 ～ 4 200 株。高水肥地块、常年风灾较轻的地方取上限，低水肥地块、常年风灾较重的地方取下限。

（六）灌　　溉

玉米各生育阶段，若 0 ～ 50 cm 土壤田间持水量低于以下标准，可进行灌溉。拔节期 65%，大喇叭口期—灌浆初期 70%，乳熟至蜡熟期 60%。每次每亩灌水量控制在 40 ～ 50 m³。

（七）追　　肥

玉米大喇叭口期，没有底施玉米专用缓释肥的地方，要进行追肥。趁雨或结合灌溉亩追施纯氮 12 ～ 15 kg。

（八）病虫草害防治

优先采用赤眼蜂控制玉米螟、杀虫灯诱杀成虫等绿色防控措施，玉米中后期重点推广玉米"一喷多效"减灾技术集成措施，药剂以生物农药为主。蚜虫和灰飞虱是玉米粗缩病的传播者，应对其进行重点防治。玉米苗期注意防治蓟马、灰飞虱、蚜虫、棉铃虫和瑞典蝇等虫害。拔节—大喇叭口期防治玉米螟、棉铃虫等害虫和褐斑病，抽雄前防治玉米螟蛀茎；灌浆期防治蚜虫、螟虫、红蜘蛛和纹枯病等病虫害。雨季田间大草较多时，要防治杂草。

（九）收　　获

收获籽粒的玉米，在籽粒乳线基本消失、基部黑层出现时收获，果穗收获后及时晾晒。适于青贮的品种可以适时收获，全株青贮用作饲料。

三、应用效果

与常规技术相比，亩均节水 $30\ m^3$，亩均增产 10% 以上。

四、适用范围

适用于华北季节性休耕区。

旱作玉米全膜覆盖技术

一、技术简介

玉米全膜覆盖是旱作农业的关键技术之一，其原理是在田间起大小双垄，用地膜对地表进行全覆盖，在垄沟中种植，集成膜面集水、垄沟汇集、抑制蒸发、增温保墒、抑制杂草等功能，充分利用自然降水，有效缓解干旱影响，实现高产稳产。

二、技术要点

（一）播前准备

选择地势平坦、土层深厚、土壤理化性状良好、保水保肥能力较强的地块。前茬作物收获后，采取深松耕、耕后耙耱等措施整地蓄墒，做到土面平整、土壤细绵、无坷垃、无根茬，为覆膜、播种创造良好条件。

增施有机肥料，根据作物品种、目标产量、土壤养分等确定化肥用量和比例，科学施用保水剂、生根剂、抗旱抗逆制剂以及锌肥等中微量元素肥料。因覆膜后难追肥，推荐施用长效、缓释肥料以及相关专用肥。底肥可在整地起垄时施用。

根据降水、积温、土壤肥力、农田基础设施等情况选择适宜品种。

（二）起　　垄

大垄垄宽约 70 cm，垄高约 10 cm；小垄垄宽约 40 cm，垄高约 15 cm；大小垄相间，中间为播种沟，每个播种沟对应一大一小 2 个集雨垄面，见下页图。按照起垄规格划行起垄，做到垄面宽窄均匀，垄脊高低一致，无凹陷。缓坡地沿等高线开沟起垄，有条件的地区推荐采取机械起垄覆膜作业。

病虫草害严重的地块，在整地起垄时进行土壤处理，喷洒农药后及时覆盖地膜。

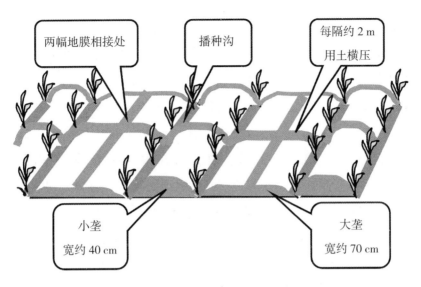

两幅地膜相接处　　播种沟　　每隔约 2 m 用土横压

小垄 宽约 40 cm

大垄 宽约 70 cm

图　起垄覆膜示意

（三）覆　　膜

地膜应符合《聚乙烯吹塑农用地面覆盖薄膜》（GB 13735）要求，优先选用厚度 0.01 mm 以上的地膜。杂草较多的地块可采用黑色地膜，积极探索应用强度与效果满足要求的全生物降解地膜、彩色地膜和功能地膜。

根据降水和土壤墒情选择秋季覆膜或春季顶凌覆膜。在秋季覆膜可有效阻止秋、冬、春三季水分蒸发，最大限度保蓄土壤水分。在春季土壤昼消夜冻、白天消冻约 15 cm 时顶凌覆膜，可有效阻止春季水分蒸发。

全地面覆盖，相邻两幅地膜在大垄垄脊相接，用土压实。地膜应拉展铺平，与垄面、垄沟贴紧，每隔约 2 m 用土横压，防大风揭膜。覆膜后在播种沟内每隔 50 cm 左右打直径约 3 mm 的渗水孔，便于降水入渗。加强管理，防止牲畜入地践踏等造成破损。经常检查，发现破损时及时用土盖严或进行修补。可用秸秆覆盖护膜。

（四）播　　种

通常在耕层 5 ～ 10 cm 地温稳定通过 10℃时播种，可根据当地气候条件和作物品种等因素调整。

根据土壤肥力、降水条件和品种特性等确定种植密度。年降水量 350 ～ 450 mm 的地区每亩以 3 500 ～ 4 000 株为宜，株距 30 ～ 35 cm；年降水量 450 mm 以上的地区每亩以 4 000 ～ 4 500 株为宜，株距 27 ～ 30 cm。土壤肥力高、墒情好的地块可适当加大种植密度。

按照种植密度和株距将种子破膜穴播在播种沟内，播深 3 ~ 5 cm，播后用土封严播种孔。当耕层墒情不足（土壤相对含水量低于 60%）时补墒播种。

（五）田间管理

出苗后及时放出压在地膜下的幼苗，避免高温灼伤；及时查苗，缺苗时进行催芽补种或移栽补苗；4 ~ 5 叶期定苗，除去病、弱、杂苗，每穴留 1 株壮苗。

当玉米进入大喇叭口期可进行追肥。在 2 株中间用施肥枪等工具打孔施肥，也可将肥料溶解在水中，制成肥液注射施肥，或喷施叶面肥、水溶肥、抗旱抗逆制剂以及锌等中微量元素肥料。土壤肥力高的地块一般不追肥，以防贪青。发现植株发黄等缺肥症状时，可采用叶面喷施等方式及时追肥。出现第三穗时尽早掰除，减少养分消耗。

根据病虫害发生情况，做好黏虫、玉米螟、红蜘蛛、锈病等病虫害防治，鼓励应用生物防治技术。

（六）适时收获

当玉米苞叶变黄、籽粒变硬、有光泽时收获。注意晾晒贮存，防止受潮霉变。

（七）残膜处理

玉米收获后，采用人工或机械回收地膜。适宜地区实行一膜两年用。

三、应用效果

与不覆膜玉米相比，全膜覆盖玉米平均亩增产 150 kg，增幅 30% 以上。

四、适用范围

适用于冀北半干旱区玉米种植。

春玉米起垄覆膜侧播种植技术

一、技术简介

春玉米起垄覆膜侧播种植技术采取起垄覆膜侧播种植方式，集雨、保墒、增温、增产效果显著，可有效解决旱作春玉米"卡脖旱"的生产问题。

二、技术要点

（一）品种选择

因地制宜选用耐密、抗病、抗倒、高产、优质玉米品种。

（二）适期播种

根据多年生产试验，河北省东部低平原区推荐在 5 月 10 日前后播种。在有灌溉条件的地区，根据播期提前造墒备播；在雨养旱作区，提前整地，遇适当降雨后立即抢墒播种。

（三）种植方式

利用起垄覆膜玉米播种机播种。宽窄行种植，宽行 70 cm，窄行 40 cm，宽行起垄覆膜，垄高 8 ～ 10 cm，种子紧贴薄膜外侧。每亩播种密度一般不低于 5 000 株。利用播种机，一次作业可完成旋耕—施肥—起垄—整形—覆膜—播种—镇压 7 项作业。

（四）注意事项

建议使用可降解薄膜，底肥使用缓释肥。播后出苗前垄沟内喷施乙草胺乳油土壤封闭型除草剂。

三、应用效果

与常规技术相比每亩可节水 50 m³，水分利用率提高 16.45%。产量提高 20.4% ～ 35.7%，亩增收 150 元以上。

四、适用范围

适用于河北省东部低平原春玉米种植区及中南部旱作春玉米区。

玉米秸秆覆盖技术

一、技术简介

利用秋收后废弃不用的玉米秸秆，通过人工或机械操作，把秸秆按不同形式覆盖在地表，综合采用少耕、免耕、选用良种、平衡施肥、防治病虫害、模式化栽培等多项配套技术，达到蓄水保墒、改土培肥、减少水土流失、增产增收的目的。玉米秸秆覆盖技术包括半耕整秆半覆盖、全耕整秆半覆盖、免耕整秆半覆盖、秸秆地膜二元单覆盖、秸秆地膜二元双覆盖等形式，被覆盖的作物有玉米、马铃薯、果树、油葵、豆类、蔬菜等。

二、技术要点

（一）覆盖技术

1. 覆盖方式

（1）半耕整秆半覆盖。秋收后硬茬隔行覆盖整玉米秸秆，第二年春天在未覆盖行耕翻、施肥、播种。

（2）全耕整秆半覆盖。收后将玉米秸秆移出田块，进行秋耕并隔行覆盖整玉米秸秆，第二年春天在未覆盖行浅耕、施肥、播种。

（3）免耕整秆半覆盖。秋收后硬茬隔行覆盖整玉米秸秆，第二年春天不耕翻不去茬，在未覆盖行开沟施肥、播种。

（4）秸秆、地膜二元单覆盖。秋收后硬茬隔行覆盖整玉米秸秆，第二年春天在未覆盖行内开沟、施肥、盖膜、打孔、播种。

（5）秸秆、地膜二元双覆盖。秋收后开沟铺秆，第二年春天施肥、起垄、盖膜、打孔、播种。

2. 覆盖量

玉米秸秆覆盖以每亩 500 ～ 1 000 kg 秸秆为宜。

3. 覆盖操作程序

（1）半耕整秆半覆盖。玉米成熟后立秆收获玉米穗，边割秆一边硬茬顺行覆盖，盖 67 cm、空 67 cm（或盖 60 cm、空 73 cm），下一排根压住上一排梢，在秸秆交接处压少量土，以免大风刮走。也可用秸秆覆盖机按上述要求操作。第二年春天，在未覆盖秸秆的空行内耕翻、施肥。用单行或双行半精量播种机在未盖行内紧靠秸秆两边种两行玉米。玉米生长期间在未盖行内中耕、追肥、培土。秋收后，在第一年未盖秸秆的空行内覆盖秸秆。

（2）全耕整秆半覆盖。玉米成熟后收获玉米穗，并将玉米秆搂到地边。机耕或畜耕并耙平，顺行覆盖整玉米秆。第二年春天，在未盖的空行内施肥、播种。播后田间管理与半耕整秆半覆盖相同，秋收秋耕后，倒行覆盖玉米整秆。

（3）免耕整秆半覆盖。玉米成熟收穗后，不翻耕、不去茬，硬茬顺行覆盖整玉米秆时在未覆盖的空行内先开施肥沟，沟深 10 cm 秆形成半覆盖（覆盖方法同"半耕整秆半覆盖"）。第二年春播以上，施入农肥、化肥，第二犁开播种沟下种并覆土。玉米生长期间在空行内追肥培土。秋收后，在第一年未覆盖秸秆的空行内覆盖秸秆。

（4）秸秆、地膜二元单覆盖。以 133 cm 为一带，宽行 83 cm、窄行 50 cm。秋收后，在窄行上按半耕半覆盖方法形成整秆半覆盖。第二年春天在空行内开沟、施肥、起 20 cm 左右高的垄。播种前 3～5 d 在垄背上覆盖 40～60 cm 宽的地膜，在膜侧种植两行玉米。玉米生长期田间管理同地膜覆盖田。秋收后除去残留地膜，倒行覆盖秸秆。

（5）秸秆、地膜二元双覆盖。以 133 cm 为一带，宽行 83 cm，窄行 50 cm。秋收后，在宽行中心用犁来回开一条宽、深均为 20～25 cm 的沟，把玉米秸秆覆土过冬。第二年春天，在覆盖行上施肥、起垄，垄上覆盖 80 cm 的地膜。在地膜两边打孔种两行玉米，玉米生长期间管理同地膜覆盖田。秋收后按本方法倒行覆盖。

（二）配套技术

（1）选用适宜品种。玉米秸秆覆盖田改善了生态条件，所以应选用适宜本地气候的高产、抗病、抗倒伏品种。

（2）防治病虫害。应采取种子包衣或药剂拌种。发现丝黑穗病和黑粉病植株要及时清除，最好将病株深埋。

（3）平衡施肥。适当增施 15%～20% 的氮肥，以调整碳氮比，促进秸秆腐解。亩产 600～800 kg 玉米，应施氮（N）15～22 kg，磷（P_2O_5）7～10 kg，秸秆、地膜二元覆盖套种经济作物的高产高效田还需适当增施磷、钾肥和锌肥。

（4）合理密植。在当地常规栽培密度的基础上，每亩增 300～500 株。

（5）化学除草。用除草剂在播后或出苗前进行化学除草。生长期间，定向喷洒除草剂除草。

（6）中耕培土。冷凉地区玉米整秆覆盖田苗期地温低、生长缓慢，第一次中耕要早、要深，在 4～5 叶期进行，深度达到 10～17 cm，以利提高地温。结合最后一次中耕进行培土，预防倒伏。

（7）配备专用机具。玉米整秆覆盖可选用半覆盖机覆盖或用大型农机具直接压倒覆盖，用小型旋耕机耕翻，用单、双行精量播种机播种。免耕覆盖也可用免耕播种机，一次完成扒秸、破茬、松土、播种、施肥、镇压等作业，提高劳动效率。

三、应用效果

能蓄水保墒，培肥改土，控制水土流失，减少玉米秸秆焚烧，保护生态环境。

四、适用范围

适用于河北省玉米种植区域。

玉米滴灌水肥一体化技术

一、技术简介

玉米滴灌水肥一体化技术是将肥料溶解在水中，借助滴灌管道灌溉系统，灌溉与施肥同时进行，将水分、养分均匀持续地运送到根部附近的土壤，适时适量地满足作物对水分和养分的需求，实现了玉米按需灌水、施肥，提高水肥利用率，达到节本增效、提质增效、增产增效目的。

二、技术要点

（一）水源准备

水源可以采用水井、河流、塘坝、渠道、蓄水窖池等，灌溉水水质应符合国家标准《农田灌溉水质标准》（GB 5084）要求。

首部枢纽包括提水、加压、过滤、施肥和控制测量等设备。根据水源供水能力、耕地面积、灌溉需求等确定首部设备型号和配件组成；过滤设备采用离心加叠片或者离心加网式两级过滤；施肥设备宜采用注肥泵等控量精准的施肥器。水泵型号的选择应满足设计流量、扬程要求，如供水压力不足，需安装加压泵。

根据水源供水能力和首部控制面积，确定主管道的直径和承压能力；干管（地下管道）埋设应符合《管道输水灌溉工程技术规范》（GB/T 20203）规定。支管和辅管布设要充分考虑玉米种植方向、种植密度、轮作倒茬、农机作业等，在保证灌溉均匀度的前提下，尽可能少布设管道，方便耕作管理。相邻两级管道应互相垂直，以使管道长度最短而控制面积最大。连接滴灌管（带）的一级管道要与玉米种植行垂直布设。

（二）灌溉方式选择和滴灌管（带）铺设

冀北等地积温不足、蒸发量大的区域，宜采用膜下滴灌水肥一体化技术。冀中南宜采用浅埋滴灌水肥一体化技术。滴灌工程设计、安装调试、运行维护等应符合《节水灌溉工程技术标准》（GB/T 50363）和《微灌工程技术标准》（GB/T 50485）要求。根据地形、土壤质地、种植密度等选择滴灌管（带），滴头间距 15～30 cm，砂质土壤、高密度种植地块滴头间距要适当缩小，黏质土壤、种植密度小的地块可适当加大；每小时滴头出水量 2 ～ 3 L；滴灌管（带）铺设长度与水压成正比，长度一般为 60 ～ 70 m。

1. 玉米膜下滴灌铺设滴灌管（带）

选用覆膜播种一体机，一次性完成播种、施肥、铺带、覆膜。作业前，调整好机具，装好滴灌管（带）、地膜等；作业时，先从滴灌管（带）卷上抽出滴灌管（带）一端，固定在地头垄正中间，然后从地膜卷上抽出地膜端头固定在地头，两侧用土封好，然后开始作业，每隔一定距离（3 ～ 4 m）压一条土带，以免大风掀膜；到地头作业结束时将滴灌管带截断、扎死，与地膜一起用土固定压实。

2. 玉米浅埋滴灌铺设滴灌管（带）

选用浅埋滴灌播种机一次性完成播种、施肥、铺带。也可利用大小垄播种机或者膜下滴灌播种机进行改装，在小垄中间开沟，将滴灌管（带）铺入沟中。滴灌管（带）埋深因土质而异，沙土宜深，黏土宜浅。

（三）水肥一体化管理

1. 灌溉制度

根据玉米各生育阶段需水规律、常年平均降水情况和土壤墒情确定灌水次数、灌水时期和灌水定额，制定灌溉制度，并根据实际降水情况、玉米生长状况及时进行调整。降水量大，墒情好时，可相应减少灌溉次数或灌水量。膜下滴灌玉米全生育期灌溉 5 ～ 6 次，每亩灌溉定额为 100 ～ 120 m³；每亩浅埋滴灌单次灌溉量较膜下滴灌高 4 ～ 5 m³，全生育期滴灌 7 ～ 8 次，每亩灌溉定额为 150 ～ 180 m³。

2. 施肥制度

坚持"有机无机结合，氮、磷、钾及中微量元素配合"的原则，综合考虑作物养分需求、土壤养分水平和目标产量制定施肥方案，并根据玉米生长状况、植株养分状况等适时调整。基肥结合翻耕施入；种肥在玉米播种时施入，可全部磷肥、70% 钾肥、30% 氮肥结合播种（种肥隔离）一次性施入，种肥宜使用复合肥料。将剩余 70% 氮肥、30% 钾肥作为追肥，在玉米生长中后期分 3 ～ 4 次结合滴灌施入，缺锌地块每亩施用硫酸锌 2 kg。

不同玉米种植区域可根据目标产量、土壤养分和水肥一体化条件下的肥料利用率来计算。每生产 100 kg 玉米籽粒，需要吸收氮（N）1.48 ～ 2.15 kg，平均 1.89 kg；磷（P_2O_5）0.52 ～ 1.21 kg，平均 0.73 kg；钾（K_2O）1.82 ～ 2.21 kg，平均 2.02 kg。

在玉米拔节期、大喇叭口期、抽穗开花期分别结合滴灌进行水肥一体化追肥。追肥时要准确掌握肥料用量，首先计算出每个轮灌区的施肥量，然后开始追施；加入肥料前要求先滴 25% 清水，再加入肥料；先将肥料加入溶肥罐（桶），固体肥料加入量不能超过施肥罐容积的 1/2，然后注满水，并用搅拌机进行搅动，使肥料完全溶解；溶解好的肥液不应超过施肥罐容积的 2/3，然后注满水；打开水管连接阀，调整首部出水口闸阀开度，开始追肥，每罐肥宜在 20～30 min 追完；全部追肥完成后再滴 20% 清水，清洗管道，防止堵塞滴头。

每次施肥时须控制好肥液浓度。施肥开始后，用干净的杯子从离首部最近的滴头接一定量的肥液，用便携式电导率仪测定 EC 值，确保肥液 EC < 5 mS/cm。

三、应用效果

比传统灌溉可节水 30% 以上，提高化肥利用率 30% 以上，增产 30%，收入增加 20%，节省用工 35% 以上。

四、适用范围

适用于春玉米滴灌水肥一体化技术生产。

玉米全膜覆盖沟播沟灌节水技术

一、技术简介

土地平面修成垄形，用地膜覆盖垄面和垄沟，将作物种植在垄沟或沟侧，按照作物生长需水规律，将水灌在垄沟内。

二、技术要点

（一）播前准备

1.地块选择及整地

选择土壤团粒结构好，蓄水能力强，土层较厚的地块，前茬以豆类、马铃薯、小麦、蔬菜等为佳。播种前深翻 20～25 cm，并灌足安种水。在冬灌条件下，进行耙、耱、镇压保墒。

2.施　肥

全生育期每亩施入氮（N）26～28 kg、磷（P_2O_5）13～14 kg、钾（K_2O）6～8 kg、硫酸锌（$ZnSO_4$）1.5～2.0 kg，或根据测土结果进行配方施肥，化学肥料其中 N 肥 2/3 作为基肥，1/3 作为追肥，基肥结合春耕施入或在起垄时集中施入垄底，每亩施优质农家肥 4 000～5 000 kg。

3.膜下除草

杂草为害严重的地块整地起坐后用 50% 乙草胺乳油全地面喷雾，土壤湿度大、温度较高的地区每亩用 50% 乙草胺乳油 50～70 g，兑水 30 kg，冷凉灌区用 150～200 g，兑水 40～50 kg 进行防治。

（二）起　垄

一般在 3 月上中旬耕作层解冻后就可以起垄，垄高 15～20 cm，垄宽 60 cm、垄沟宽 40 cm 或垄宽 40 cm、垄沟宽 50 cm，垄脊高低一致。

（三）覆　膜

全膜覆盖选用宽 120 cm 的地膜。全膜覆盖相邻两垄沟间不留空隙，但应留渗水口，两幅膜相接处在垄沟的中间，用下一垄沟的表土压住地膜，并每隔 3～4 m 横压土腰带，防止大风揭膜。

（四）播　　种

1.选用良种

为了保证出苗和产量应选用抗旱优质高产的种子。

2.播　　期

当地温稳定通过10℃时，玉米一般在4月中下旬播种。过早受冻、出苗受阻，影响产量。

3.播种密度

播种深度3～5 cm，株距20～25 cm，每亩保苗4 700～5 800株。

4.播种方式

玉米种植在垄沟里或沟侧。

（五）田间管理

1.及时放苗

覆膜玉米从播种到出苗需10～15 d，在幼苗第一片叶展开后应及时放苗，3～4叶期间苗，4～5叶期定苗，每穴留壮苗1株。

2.灌　　水

灌水掌握在拔节期、大喇叭口期、抽雄期、灌浆期、乳熟期5个时期。一般在6月上中旬开始灌头水，全生育期灌5水。每次灌水定额每亩40～50 m^3。

3.灌水方法

垄上种植玉米沟灌不得超过沟深的2/3，膜侧栽培的水深应漫过根部。

4.合理追肥

全生育期结合灌水追施氮肥2～3次，追肥以前轻、中重、后补为原则。当玉米进入拔节期时，结合灌头水进行第一次追肥，每亩追氮肥（N）8 kg。追肥方法是在2株中间穴施覆土。当玉米进入大喇叭口期，进行第2次追肥，每亩追纯N 10 kg。到玉米灌浆期，根据玉米长势，可适当追肥，每亩追施纯N一般不超过3 kg。

（六）病虫害防治

玉米生育期间，加强玉米螟、红蜘蛛、丝黑穗病等病虫害防治。

（七）适时收获

当玉米苞叶变黄、籽粒变硬，有光泽时进行收获。收获后及时清除田间残膜，便于来年生产。

三、应用效果

全生育期亩可节水 125 m^3。

四、适用范围

适用于冀北地区玉米种植。

玉米半膜覆盖垄作沟灌技术

一、技术简介

半膜覆盖垄作沟灌技术是将土地平面修成垄形，用地膜覆盖垄面，在垄或垄侧种植作物，作物生长期按照需水规律，将水浇灌在沟内。

二、技术要点

（一）播前准备

1.地块选择及整地

选择土壤团粒结构好，蓄水能力强，土层较厚的地块，前茬以豆类、马铃薯、小麦、蔬菜等为佳。播种前深翻 20～25 cm，并灌足安种水。在冬灌条件下，进行耙、耱、镇压保墒。

2.施　　肥

全生育期每亩施入氮（N）26～28 kg、磷（P_2O_5）10～15 kg、钾（K_2O）6～8 kg、硫酸锌（$ZnSO_4$）1.5～2.0 kg，或根据测土结果进行配方施肥。化学肥料其中 N 肥 2/3 作为基肥，1/3 作为追肥，基肥结合春耕施入或在起垄时集中施入垄底，每亩施优质农家肥 4 000～5 000 kg。

3.膜下除草

杂草为害严重的地块整地起垄后用 50% 乙草胺乳油全地面喷雾，土壤湿度大、温度较高的地区每亩用 50% 乙草胺乳油 50～70 g，兑水 30 kg，冷凉灌区用 150～200 g，兑水 40～50 kg 进行防治。

（二）起　　垄

一般在耕作层解冻后就可以起垄，玉米垄宽 60 cm、垄高 15 cm、垄沟宽 30 cm、垄脊高低一致。

（三）覆　　膜

选用幅宽 90～100 cm 的地膜。覆膜时地膜要与垄面贴紧拉正，提倡顶凌起垄覆膜。

（四）播　　种

1.选用良种

为了保证出苗和产量应选用抗旱优质高的种子。

2.播　　期

当地温稳定通过 10℃时，玉米一般在 4 月中下旬播种。过早受冻、出苗受阻，影响产量。

3.播种密度

播种深度 3～5 cm，株距 20～25 cm，每亩保苗 4 500～5 500 株。

4.播种方式

垄侧或垄上种植。垄侧种植，种子点播在垄侧距离垄底 10 cm 以上；垄上种植，种子点播在垄脊上，每垄种植 2 行。

（五）田间管理

1.及时放苗

覆膜玉米从播种到出苗需 10～15 d，在幼苗第一片叶展开后应及时放苗，3～4 叶期间苗，4～5 叶期定苗，每穴留壮苗 1 株。

2.及时灌水

灌水掌握在拔节期、大喇叭口期、抽雄期、灌浆期、乳熟期。一般在 6 月上中旬开始灌头水，全生育期灌 5 水，每次每亩灌水 50 m^3。

3.灌水方法

垄上种植玉米沟灌不得超过沟深的 2/3，膜侧栽培的水深应漫过根部。

4.合理追肥

全生育期结合灌水追施氮肥 2～3 次，追肥以前轻中重、后补为原则。当玉米进入拔节期时，结合灌头水进行第一次追肥，每亩追纯 N 8 kg。追肥方法是在 2 株中间穴施覆土。当玉米进入大喇叭口期，进行第 2 次追肥，每亩追纯 N 10 kg。到玉米灌浆期，根据玉米长势，可适当追肥，每亩追施纯 N 一般不超过 3 kg。

（六）病虫害防治

玉米生育期间，加强玉米螟、红蜘蛛、丝黑穗病等病虫害防治。

（七）适时收获

当玉米苞叶变黄、籽粒变硬、有光泽时进行收获。收获后及时清除田间残膜，便于来年生产。

三、应用效果

全生育期亩可节水 75 m^3。

四、适用范围

适用于冀北地区玉米种植。

水稻"三旱"节水技术

一、技术简介

水稻"三旱"节水技术是指采用露地旱育大秧、本田旱整地、大田旱管理技术的节水技术模式，实现节水增产目标。

二、技术要点

（一）露地旱育大秧

1. 精细整地

旱秧田可以分散"填空"育秧，一般是用菜园地，利用菜苗尚小时期在畦间育秧，也可在果园、庭院、干涸的河塘、路沟等处育秧。秧田地要整的像菜园地一样精细，畦面颗粒细小。

2. 施足底肥

秧田亩施圈粪 5 000 kg、尿素 10 ～ 15 kg、过磷酸钙 25 ～ 50 kg、硫酸钾 10 ～ 15 kg、黏土地施硫酸锌 1.5 ～ 2 kg。底肥施用之后再浅翻 6 ～ 7 cm 土层，使肥、土充分混合，防止烧苗。

3. 适时播种

夏稻选用中晚熟、中秆大穗品种。4 月下旬播种，5 月初出苗，6 月中下旬插秧，秧龄 50 ～ 55 d，黏土秧田亩播种 55 ～ 60 kg，壤土亩播 40 ～ 50 kg 种子，秧本比为 1 :（10 ～ 12）。播前选种和药剂浸种 3 d，每天换水 1 次，当播种"破胸露白"时即可播种。

4. 厚盖种子、薄土长苗

播种后盖 3 cm 厚土层，防止透风落干，影响种子发芽生长。盖土后畦面必须浇透或灌水过畦面，当幼芽长到 1 ～ 1.5 cm 时，推去厚土层，保留 0.5 ～ 1 cm 薄土层，利于长苗。以后到 3 叶期遇旱再灌水。另有在菜畦行间育秧，畦面灌水渗透后播种，邻畦取土覆盖厚约 1 cm。遇大雨或灌水后待晴天要破除土壳，防止板结压苗。

5. 精细管理

3 叶期前后如遇干旱，应及时灌水，并随水追肥。及时除草、防治病虫害，特别注意药剂处理种子，防治恶苗病。3 叶期后，遇雨或灌水结合追施化肥 1～2 次，每次亩施尿素 5～7 kg。

（二）本田旱整地

一种方法是在麦收之后用圆盘耙或手扶拖拉机旋耕灭茬、整平，即旱整本田。然后灌水耙平田面即可插秧。另一种方法是麦收之后不灭茬，带茬灌水后用手扶拖拉机旋耕灭茬，耙平之后接着插秧。"三旱"种稻在 6 月 15 日开始插秧，7 月 10 日前结束，插秧后进入雨季。插秧期间利用库水、河水、井水插一部分，因干旱缺水田块，可旱育稀插，培育长龄多蘖壮秧，等到进入雨季再插秧。

（三）大田旱管理

6 月中旬—9 月上旬正值夏稻分蘖、幼穗分化、抽穗开花期。选用中后期生长旺盛型品种如临稻 4 号等，在大田生育过程中，每亩灌水 300 m³，即可保证正常的生育需水。具体做法是：有水插秧，插后 3 d 灌 1 次水，连续灌 2 次，进入分蘖期，水稻抗旱能力增强，进入雨季后可不用灌水，但若隔 7～10 d 不降雨要灌水，每次灌水约 30 m³，抽穗后灌 3 次水，大田共灌水 8～10 次。

种植方式采用小群体插秧，每丛 3～4 苗，亩插基本苗 8 万～10 万株。根据土壤肥力确定施氮量，一般插秧前和插秧后的 20 d，施用总肥量的 65% 左右。其中基面肥、插后一周促身蘖肥和插后 15 d 促蘖肥，分别占前期肥料量的 40%、30% 和 30%。孕穗期施肥，占总用肥的 35% 左右。除草、防治病虫害与常规稻田相同。

三、应用效果

"三旱"节水技术的旱育秧比水育秧省水 85%，可改造平原涝洼低产田，过去涝渍低产田平均亩产 100～150 kg，改种水稻之后，目前夏稻亩产 450～500 kg，小麦亩产 350～400 kg。该模式还可改良盐碱地，在重盐碱地连续种稻 10 年，可改成良田。

四、适用范围

适用于黄淮海地区水稻旱作生产。

水稻控制灌溉技术

一、技术简介

水稻控制灌溉又称水稻调亏灌溉，指秧本田移栽后，田面保留 0.5 ~ 2.5 cm 薄水层返青，返青以后的各个生育阶段不再长时间建立灌溉水层，而是以根层水分为控制指标，确定灌水时间和灌水定额。该技术通过主动施加一定程度的水分胁迫，可以发挥水稻自身调节机能和适应能力，同时能够引起同化物在不同器官间的重新分配，降低营养器官的生长冗余，提高作物的经济系数，并可通过对其内部生化作用的影响，改善作物的品质，起到节水、优质、高效的作用。

二、技术要点

（一）泡田期和移栽返青期

泡田期，每亩用水 80 ~ 120 m³，泡田 3 ~ 5 d。插秧后秧苗开始进入返青期，等水层自然落干，当田面出现 0 ~ 4 mm 裂缝时再灌水，每次灌水深度 20 ~ 30 mm。

（二）分蘖期

返青期后，水稻进入分蘖期，分蘖前期和分蘖中期，每次灌水后，等水层自然落干，当田面出现 0 ~ 3 mm 裂缝时再灌下一次水，每次灌水水层深度约 30 mm。如遇降雨，可蓄雨水，蓄雨深度不超过 50 mm，多余雨水排除，蓄雨时间不可超过 7 d；分蘖末期，及时排水晒田重控，此时土壤裂缝可控制在 4 ~ 8 mm，当裂缝超过 8 mm 时需灌水，保持田面完全湿润即可。

（三）拔节孕穗期和抽穗开花期

在分蘖末期晒田后，水稻进入拔节孕穗期，从分蘖末期过渡到拔节孕穗期是水稻生育期的转换阶段，也是控制灌溉水分管理的关键时期，水稻进入拔节孕穗期时及时灌水。拔节孕穗期和抽穗开花期是水稻需水敏感期，水分管理采用"浅、湿、干"的办法，每次灌水后，等水层自然落干，当田面出现 0 ~ 3 mm 裂缝时再灌下一次水，灌水水层深度 20 ~ 30 mm，遇到降雨则蓄雨水，蓄雨深度不超过 50 mm，多余雨水排除，蓄雨时间不可超过 7 d。

（四）乳熟期和黄熟期

乳熟期和黄熟期要求田面干、土壤湿，当土壤出现 4 ～ 10 mm 裂缝时再灌水，每次灌水使土壤完全湿润即可。如有降雨，蓄雨最大深度不超过 20 ～ 30 mm。如果天气过于干旱，在水稻收割干旱，在水稻收割前 10 ～ 15 d 灌一次饱和水，使土壤完全湿润，防止水稻早衰。

（五）处理好生产性用水与控制灌溉的关系

生产性用水指打药、施肥用水，打药和施肥要求必须有水层，控制灌溉的水层管理要服从生产性用水要求，即什么时候需要打药、施肥，就什么时候灌水，但最好将生产性水与控制灌溉用水结合起来。尤其是分蘖前期封闭灭草时一般要保留水层 10 ～ 12 d。

三、应用效果

通过水稻控制灌溉技术，可节水 30% ～ 40%，适时适量灌水防止无效分蘖，增加成穗率，可增产 5% ～ 10%。

四、适用范围

适用于华北水稻种植地区。

春播马铃薯全生物降解地膜覆盖技术

一、技术简介

针对冀北集约农区灌溉农田马铃薯种植区，选取合适的全生物降解地膜覆盖，不仅可以增加土壤温度，尤其是春马铃薯生育前期土壤温度，保持土壤水分，缩短春马铃薯生育期，提高马铃薯产量，也可以起到减少残膜污染的作用。对覆膜、翻耕、起垄、施肥、追肥、播种及马铃薯病虫害防控一系列措施进行了改进，为马铃薯的节水高效种植提供理论和实践基础。

二、技术要点

（一）选　　地

选取具有灌溉条件的农田作为春马铃薯的种植用地。

（二）整地与施肥

对农田进行翻耕，翻耕的同时施肥，然后起垄。其中，翻耕深度为 20～30 cm；起垄时，垄下底宽 90～100 cm，垄上面宽 30～40 cm，垄高 20～30 cm。施用马铃薯专用基肥，每亩施氮肥（N）12 kg、磷肥（P_2O_5）5 kg、钾肥（K_2O）5 kg。

（三）播　　种

在农田的土壤含水量适宜、土壤温度 ≥ 10℃时播种，播种的时间为 3 月中下旬，每垄种植 2 行，株距 35 cm（下图）。

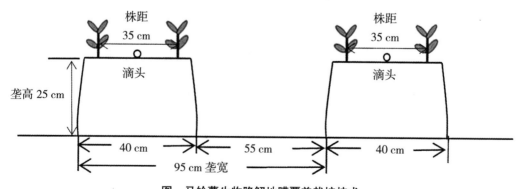

图　马铃薯生物降解地膜覆盖栽培技术

（四）滴　灌

滴灌管沿着垄的长度方向布设于垄面中部。马铃薯生育期内，应根据该地区降水量及地面水分蒸发情况，适时进行灌溉，一般生育期内灌溉 5 次，每次每亩灌水量 20 ～ 30 m^3。

（五）覆　膜

选择符合《全生物降解农用地面覆盖薄膜》（GB/T 35795）要求的全生物降解地膜，有效增温保墒和杂草防除功能期不低于 75 d，满足覆膜机械作业的强度要求。

在每垄上机械或者人工覆盖厚度不低于 0.01 mm、宽度为 1 m、断裂标称应变纵（横）≥ 150%（≥ 250%）的生物降解地膜，周边用土壤覆盖，并每隔 3 ～ 5 m 在地膜中间压土，防止风将地膜吹起。

（六）覆　土

播种 20 d 左右，一般 4 月上旬在地膜上覆盖一层 3 ～ 5 cm 的土壤，实现马铃薯幼苗自动破膜出土。注意掌握好再覆土的时间，重点是观察马铃薯发芽情况，过早再覆土会影响太阳辐射进入土壤，降低地膜增温性，过晚会导致马铃薯幼苗无法自动破膜，需要增加人工掏苗，降低马铃薯出苗率。

（七）追　肥

在 5 月上旬及 6 月上旬，分别进行 2 次追肥，2 次施肥每亩氮肥（N）6 kg、钾肥（K_2O）10 kg、磷肥（P_2O_5）5 kg 和氮肥（N）6.5 kg、钾肥（K_2O）14.5 kg、磷肥（P_2O_5）5 kg。

三、应用效果

比传统栽培缩短马铃薯生育期 5 ～ 7 d，实现马铃薯生育前期较裸地增温 1.1℃，马铃薯产量较裸地提高 10.0%。

四、适用范围

适用于冀北春播马铃薯种植。

马铃薯膜下滴灌水肥一体化技术

一、技术简介

马铃薯膜下滴灌水肥一体化技术是将滴灌技术和覆膜技术的优点有机结合，以高频率、小流量的灌水方式进行灌溉，使马铃薯根区土壤经常保持良好的水分条件，减少了水分的渗漏和蒸发，在提高产量的同时，也提高了水分利用率和肥料利用率。

二、技术要点

（一）滴灌设备安装

新建滴灌田应在前一年秋季上冻前，将地下主管道铺设好，第二年春季安装首部，包括过滤器、水表、空气阀、安全阀、球阀、施肥罐、电控开关等；播种时铺毛管（滴灌带），播种后铺设地上主管、支管，然后进行管道连接。

（二）选地轮作

选择土层深厚，质地疏松、通透性好的轻质壤土、砂壤土或沙土地种植。土壤酸碱度在 pH 值 5 ～ 8。农田较为开阔平整。

在前茬为未种过马铃薯的莜麦、小麦等谷类作物茬口地上种植马铃薯。

（三）整地施肥

播前进行深耕整地。耕翻地深度要达到 30 ～ 35 cm。翻地深浅要一致，无漏翻现象。结合翻地亩施充分腐熟的优质农家肥 1 000 ～ 1 500 kg。耕后旋耕耙平，进行播种。

（四）选择优良品种和优质脱毒种薯

根据生产目的和市场需求，可选择不同的马铃薯品种种植。应选择优质脱毒马铃薯原种或一级种播种。每亩用种量 150 ～ 170 kg。

（五）种薯催芽、切块和药剂拌种处理

种薯应进行严格的挑选。将带病的种薯剔除。若种薯尚未发芽，应在临时贮藏用的较大空房内放置一周左右。此期间应防止低温冻害。晚上加盖防冻。通风、保湿条件要好。待芽露头，芽长 0.5 cm 左右时开始切种。切前每吨种薯用 2.5% 的适

乐时悬浮剂兑水 7～8 L 稀释后均匀喷在种薯上，稍干后进行切块。每个切块 40～50 g，每块上至少带 2～3 个芽眼，切块大小应均匀一致。

（六）播　　种

当土壤 10 cm 地温稳定在 10℃ 左右时播种。北方地区约在 4 月中下旬—5 月中下旬间播种。采用开沟、播种、铺带、喷药、覆膜一体机，一次性完成开沟、施种肥、播种、沟喷药、铺滴灌带、覆膜等作业。宽窄行播种。播种时亩施复合肥（12-16-20）60 kg，磷酸二铵 10 kg，硫酸钾 15 kg。

（七）中耕培土

马铃薯播后 20 d 左右进行一次中耕培土。将大行间的土培在播种行上，便于马铃薯芽顶破膜出苗。此外，兼有疏松行间土壤、减少蒸发、接纳雨水、防除杂草的作用。培土厚度掌握在 2～3 cm。

（八）查苗放苗

马铃薯出苗期间要及时查苗放苗，防止被地膜内高温烧苗。

（九）浇水追肥

马铃薯滴灌一般选择滴头间距 30 cm，每小时滴头流量为 1.38～1.5 L 的滴灌管。播后如果土壤墒情不好，不能保证出苗，则应在播后一周进行 1 次滴水，滴水量以土壤湿润深度 10 cm 为宜。

苗齐后第一次滴水，滴水量以土壤湿润深度 20 cm 为宜。结合滴水，每亩追施水溶性复合肥 10 kg，硝酸钾 5 kg。

第二次滴水视墒情确定，滴水量以土壤湿润深度 30 cm 为宜。结合滴水，每亩追施水溶性复合肥 10 kg，硝酸钾 5 kg。

第三次现蕾块茎形成期，视土壤墒情第 3 次滴水，滴水量以土壤湿润深度 40 cm 为宜。结合滴水追施水溶性硫酸钾 5 kg，尿素 2 kg，硝酸钙镁 10 kg，硫酸锌 300 g，硫酸锰 300 g。

第四次滴水视土壤墒情确定，滴水量以土壤湿润深度 40 cm 为宜。结合滴水追施水溶性硫酸钾 3 kg，尿素 2 kg，硝酸钙镁 5 kg。

第五次滴水视土壤墒情确定，滴水量以土壤湿润深度 40 cm 为宜。结合滴水追施水溶性硫酸钾 3 kg，尿素 2 kg，硝酸钙 5 kg，硫酸锌 300 g，硫酸锰 300 g。

第六次滴水视土壤墒情确定，滴水量以土壤湿润深度 40～50 cm 为宜。结合滴水，追施水溶性硫酸钾 2 kg。

第七次滴水视土壤墒情确定，滴水量以土壤湿润深度 40 ～ 50 cm 为宜。结合滴水追施水溶性硫酸钾 1 kg。

以后视土壤墒情，及时进行滴灌，若表现脱肥时，也可在滴灌时分 2 次滴入每亩尿素 600 g，每次 300 g。

整个生长期间视降雨和土壤墒情每隔 7 ～ 10 d 滴水 1 次，全生育期滴水 8 ～ 10 次，每亩灌溉定额一般为 80 ～ 120 m³。收获前 15 d 左右停止灌水。出苗 60 d 以后不再追施尿素。滴灌要均匀。滴灌肥均要采用水溶性肥。

每次施肥时，首先滴 2 h 清水，以湿润土壤，再滴 1.5 ～ 2 h 肥液，之后再滴 1 ～ 2 h 清水，以清洗管道、防止堵塞滴头。每次追肥时先打开施肥罐的盖子，加入肥料。若是固体肥料，其加入量控制在施肥罐容积的 1/2 以内，若是提前溶解好的肥液或液体肥料，加入量控制在施肥罐容积的 2/3 以内，然后注满水，搅拌均匀，盖上盖子，拧紧盖子螺栓，打开施肥罐水管连接阀，调整首部出水口闸阀开度，开始追肥。每罐肥一般需要 20 min 追完。根据土壤养分和植株生长情况，可以调整施肥量和肥料种类。

（十）喷药防控病虫害

于 6 月下旬—7 月上旬视植株生长情况和天气情况定期喷施杀菌剂，防治早疫病和晚疫病。

（十一）收　　获

收获前 10 ～ 15 d 采用机械杀秧。选晴天收获。收获前将地面的主管、支管收起，并破开地膜将滴灌带机械回收，盘成卷，拉出地外。收获过程中尽量避免机械损伤。收获的块茎经大小分级后，挑拣装袋，就地销售或入窖贮藏。

三、应用效果

马铃薯膜下滴灌水肥一体化技术在华北马铃薯产区进行示范推广，增产幅度 65.4% ～ 104.8%，亩增产 330.0 ～ 620.0 kg，亩增经济效益 300 ～ 580 元。

四、适用范围

适用于冀北干旱少雨地区，适宜在地膜覆盖、有水源条件的地区推广应用。

旱作马铃薯全膜覆盖技术

一、技术简介

全膜覆盖是北方旱作区马铃薯生产的重要技术之一，其原理是在田间起大小双垄，用地膜对地表进行全覆盖，在垄上种植，集成膜面集水、垄沟汇集、抑制蒸发、增温保墒、抑制杂草等功能，充分利用自然降水，有效缓解干旱影响，实现高产稳产。

二、技术要点

（一）播前准备

选择田面平整，土层深厚、土质疏松、土壤理化性状良好、保水保肥能力较强的地块，前茬最好为小麦、豆类，玉米、胡麻次之，不宜与茄科作物连作，忌重茬。

在前茬作物收获后，采取翻耕、深松耕、旋耕，耕后耙耱等措施进行整地蓄墒，做到田面平整、土壤细绵、无坷垃、无根茬，为覆膜、播种创造良好条件。有条件的地区可结合整地进行秸秆粉碎还田。

增施有机肥：根据马铃薯的品种特性、目标产量、土壤养分等确定肥料用量和养分比例，缺钾地区应注意补充钾肥，同时注重锌、硼等中微量元素肥料的施用。科学施用保水剂、抗旱抗逆制剂，推荐施用长效肥、缓释肥及相关专用肥。底肥在整地起垄时施用。

根据降水、积温、土壤肥力、生产需要等情况选择适宜品种。有针对性地选择菜用型、鲜食型、淀粉加工型、油炸加工型等不同用途和早熟、中早熟、中熟、中晚熟、晚熟等不同生育期品种。宜选用符合《马铃薯种薯》（GB 18133）规定的脱毒种薯。

（二）起　　垄

大垄垄宽60～70 cm，垄高约10 cm；小垄垄宽40～50 cm，垄高约15 cm；大小垄相间。在垄上播种，见下页图。按照起垄规格划行起垄，做到垄面宽窄均匀，垄脊高低一致，无凹陷。缓坡地沿等高线开沟起垄，有条件的地区推荐采取机械起垄

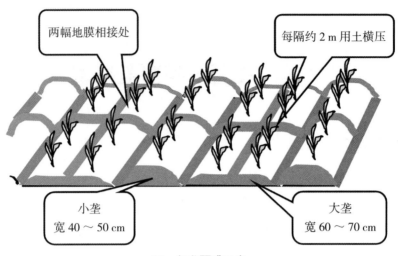

两幅地膜相接处

每隔约 2 m 用土横压

小垄
宽 40 ～ 50 cm

大垄
宽 60 ～ 70 cm

图　起垄覆膜示意

施肥播种覆膜一体化作业。

病虫草害严重的地块，在整地起垄时进行土壤处理，喷洒杀虫剂、杀菌剂和除草剂后及时覆膜。

（三）覆　　膜

地膜应符合《聚乙烯吹塑农用地面覆盖薄膜》（GB 13735）要求，为便于回收，应选用厚度 0.01 mm 以上的地膜。积极应用强度与效果满足要求的全生物降解地膜和功能地膜。

根据降水和土壤墒情选择秋季覆膜或春季顶凌覆膜。秋季覆膜可有效阻止秋、冬、春三季水分蒸发，最大限度保蓄土壤水分。春季土壤昼消夜冻、白天土壤表层消冻约 15 cm 时顶凌覆膜，可有效阻止春季水分蒸发。

全地面覆盖，相邻两幅地膜在大垄垄脊相接，用土压实。地膜应拉展铺平，与垄面、垄沟贴紧，每隔约 2 m 用土横压，防大风掀开地膜。覆膜后在播种沟内每隔 50 cm 左右打直径约 3 mm 的渗水孔，便于降水入渗。加强管理，防止牲畜入地践踏等造成地膜破损。经常检查，发现破损时及时用土盖严。也可用秸秆覆盖护膜。

（四）播　　种

种薯处理：播前 15 d 左右种薯出窖，剔除病、虫、烂薯，进行晒种。播前 7 d 开始催芽，集中堆放催芽，用农膜覆盖，提高温度，促其发芽。芽长 1 cm 左右准备切块播种。切薯前用高锰酸钾消毒刀具，将种薯切成 25 ～ 50 g 大小的薯块，每个薯块带 1 ～ 2 个芽眼。鼓励用 50 g 左右的小整薯播种，提高出苗率，增强抗旱、防病能力。薯块用草木灰或种衣剂拌、浸种，阴凉处晾干待播。

5～10 cm 耕层地温稳定通过 10℃时播种，通常在 4 月下旬—5 月上旬，也可根据当地气候条件、墒情状况和马铃薯品种等因素调整。

根据土壤肥力、降水和品种特性等确定种植密度。一般每亩种植密度 3 000～4 500 株。土壤肥力高、墒情状况好的地块以及选择生育期短、植株矮小品种的地块可适当加大种植密度。

按照种植密度和株距将种薯破膜穴播：用特制的打孔器按预定株距人工打孔，孔深 10～15 cm，直径 4～5 cm，播种时芽眼向上，播后及时将播种孔封闭。有条件的地区推荐采用起垄施肥播种覆膜一体机播种。耕层土壤相对含水量低于 60% 的地块应补墒播种。

（五）田间管理

1. 苗期管理

（1）查苗放苗。破土引苗，幼苗与播种孔错位应及时放苗，并重新封好播种孔。出苗后发现缺苗断垄时应及时补苗。

（2）查膜护膜。马铃薯出苗到现蕾期应保持膜面完好，及时用细土封严破损处，防止大风揭膜。

2. 中后期管理

（1）现蕾期。根据马铃薯长势进行追肥，采取打孔追肥或叶面喷施。

（2）块茎膨大期。块茎膨大期适时揭膜，并进行人工或机械培土，以利块茎膨大。

做好早疫病、晚疫病、环腐病及蛴螬、蝼蛄、蚜虫等病虫害防治，鼓励应用生物防治技术。

（六）适时收获

除早熟品种外，植株大部分茎叶变黄枯萎时收获。注意块茎贮存，防止受潮霉变。

（七）残膜回收

采用人工或机械对残膜进行回收，鼓励以旧换新和一膜两年用。

三、应用效果

马铃薯增产 20% 以上，水分利用率提高 20% 左右。

四、适用范围

适用于冀北半干旱区。

马铃薯垄膜聚水减蒸雨养旱作稳产技术

一、技术简介

张承地区马铃薯起垄覆膜种植，集聚无效降雨减少水分蒸发，提高降水利用率，实现干旱半干旱地区雨养旱作马铃薯稳产。

二、技术要点

秋末施入适量有机肥耕翻耙糖整地，冬季冻融熟地蓄（纳）水（雪）；播前精选良种，确保种薯大小均匀，剔除烂种与无芽种；起垄施肥覆膜播种一体化机械作业，确保播种质量，降低作业成本；出苗前后，结合田间杂草防除，行间机械化中耕上土压膜各一次；收获前先机械杀秧，回收残膜，然后机械收获。

三、应用效果

雨养旱作生产，不消耗地下水，降水利用效率提高30%。中等肥力田亩产1 400 kg，较露地生产增产25%，亩收益500元（以农户生产计）。

四、适用范围

适用于张家口、承德市干旱半干旱区马铃薯旱作雨养生产。

棉花膜下滴灌水肥一体化技术

一、技术简介

棉花膜下滴灌水肥一体化技术是地膜覆盖、滴灌和水肥一体化管理相结合，将肥料溶于水中，借助管道压力系统输送到田间，通过铺设于地膜下的滴灌管（带）进行灌溉和施肥，适时适量地满足棉花对水分和养分的需求，控制根区盐分积累，实现棉花水肥高效利用。

二、技术要点

（一）播前准备

结合地膜回收进行秸秆粉碎还田，及时深翻，深度 25 ～ 30 cm，同时施用基肥，基肥通常包括全部有机肥和 8% ～ 15% 的氮肥、20% ～ 30% 的磷钾肥。

一般在前一年 10 月中旬—11 月中下旬封冻前进行冬灌，补墒压盐。没有进行冬灌或春季缺墒的棉田，在 3 月中旬进行春灌。亩灌水量 120 ～ 180 m^3，要求不串灌、不跑水。

播前整地，包括耕、耙、压。应做到表土疏松，上虚下实，地面平整，无残茬杂物。在耙地之前，选择适宜除草剂进行地表喷洒。进行播种机具检查调试，安装好播种、铺管、覆膜等装置，保证正常使用。选用符合《聚乙烯吹塑农用地面覆盖薄膜》（GB 13735）要求的地膜，鼓励使用便于回收的高强度加厚耐老化地膜及能够完全降解的地膜。

（二）播　　种

根据当地气候、土壤条件选择生育期适宜、丰产潜力大、抗逆性强的品种。棉种纯度达到 97% 以上，净度 99% 以上，棉种发芽率 93% 以上，健籽率 95% 以上，含水率 12% 以下，破碎率 3% 以下。机采棉优先选择生育期适宜、第一果枝节位较高、对脱叶剂较敏感、吐絮较集中的品种。

当 5 cm 深度土层地温（覆膜条件下）连续 3 d 稳定通过 12℃，且离终霜期天数 ≤ 7 d 时即可播种。播种深度 1.5 ～ 2.5 cm，覆土宽度 5 ～ 7 cm，覆土厚度 0.5 ～

1 cm。要求播行要直，接幅要准，镇压严实。

1. 根据品种、耕作、收获等条件确定株行距

人工采棉采用膜上宽行距 40 cm，窄行距 20 cm，膜与膜之间间距 55 ～ 60 cm，平均行距 35 cm。小三膜（120 ～ 130 cm）每幅膜上播 4 行，加宽膜（200 ～ 205 cm）每幅膜上播 6 行，株距 9 ～ 10 cm，亩理论株数约 2 万株。也可采用膜上宽行距 56 cm，窄行距 28 cm，膜与膜间距 50 ～ 55 cm，平均行距 42 cm。大三膜每幅膜上播 4 行，加宽膜每幅膜上播 6 行，株距 9 ～ 10 cm，亩理论株数约 1.7 万株。

机采棉采用小三膜或加宽膜，小三膜每幅膜上播 4 行，行距分别为 10 cm、66 cm、10 cm；加宽膜每幅膜上播 6 行，行距分别为 10 cm、66 cm、10 cm、66 cm、10 cm，株距 9 ～ 11 cm，亩理论株数约 1.8 万株。

2. 滴灌管（带）铺设

滴灌管（带）应平行作物种植方向，一般设置于窄行中或作物行边约 5 cm 处。毛管铺设长度一般 50 ～ 100 m。采用迷宫式、内镶式滴灌管（带）等。播种、铺管、覆膜一次性完成，压好膜，拉直并连接好滴灌管（带）。在机车停下后拉出一截滴灌管（带）。

（三）田间管理

出苗后及时查苗，放出错位苗，封好放苗孔。早定苗，当第 1 片真叶平展时 1 次定苗，每穴留 1 株，缺苗断垄处留双苗。2 ～ 3 叶期，旺长棉田可亩用缩节胺 0.3 ～ 0.5 g 兑水进行喷雾，控苗旺长，促进根系下扎和早现蕾。4 ～ 5 片真叶时，长势正常的棉田亩用缩节胺 0.5 ～ 1.0 g，旺长棉田亩用缩节胺 0.8 ～ 1.2 g 化学调控 1 次。

盛蕾期亩用缩节胺 2 ～ 3 g，初花期亩用缩节胺 3 ～ 5 g 进行化学调控。注意防治棉叶螨、棉铃虫等病虫害。在果枝数达到 8 ～ 10 个时应立即打顶。

（四）灌溉制度

根据棉花品种需水特性、土壤性质、灌溉条件等确定灌溉定额，按各生育阶段需水规律、降水情况和土壤墒情确定灌水次数、灌水时期和灌水定额，制定灌溉制度。一般全生育期灌水 8 ～ 12 次、亩灌水 280 ～ 350 m³。

苗期土壤水分上下限宜控制在田间持水量的 50% ～ 70%，蕾期控制在 60% ～ 80%，花铃期控制在 65% ～ 85%，吐絮期控制在 55% ～ 75%。干播或播后墒情不足的棉田，播种后 3 ～ 5 天每亩滴灌约 10 m³ 出苗水。出苗后第一次灌水要充足，每亩灌水量 20 ～ 30 m³。开花后棉花对水分需求增加，每次每亩灌水量 25 ～ 40 m³，灌水间隔 5 ～ 7 d，最长不超过 9 d。盛铃期以后灌水量可逐渐减少，8 月下旬—9 月初停止灌水。如果秋季气温偏高，停水时间适当延后。

（五）施肥制度

根据棉花需肥规律、土壤性质、目标产量、生长状况等确定施肥量、施肥时期和养分配比，并与灌溉进行统筹管理。坚持少量多次的原则，采取蕾肥稳施、花铃重施、后期补施的方法，全生育期追肥 8 ～ 11 次。注意补充中量元素和锌、硼、锰等微量元素。混合后会产生沉淀的肥料应单独施用，即第 1 种肥料施用后，用清水充分冲洗系统，然后再施用第 2 种肥料。棉花主要生育期推荐施肥比例见下表。

表　棉花主要生育期推荐施肥比例　　　　　　　　　　　　（单位：%）

项目	现蕾—初花 （追肥 2 ～ 3 次）	初花—盛花 （追肥 3 ～ 4 次）	盛花—吐絮 （追肥 3 ～ 4 次）
氮（N）	20 ～ 25	35 ～ 45	20 ～ 22
磷（P_2O_5）	13 ～ 15	27 ～ 30	30 ～ 35
钾（K_2O）	12 ～ 15	35 ～ 45	23 ～ 30

（六）系统运行和维护

滴灌施肥一般分为 3 个阶段进行，第一阶段滴灌清水，将土壤湿润，第二阶段将水肥同步施入，第三阶段用清水冲洗管道系统。施肥前、后滴清水的时间根据系统管道长短、大小及流量确定，一般为 30 ～ 60 min。在灌水器出水口用电导率仪等进行监测，避免浓度过高，产生肥害。

定期巡视管网，检查运行情况，如有漏水应及时处理。严格控制系统在设计压力下运行。定期检查毛管末端的供水压力，通常不低于 0.1 MPa。经常检查系统首部和压力调节器压力，当过滤器前后压差 > 0.05 MPa 时，应清洗过滤器。定期对离心过滤器集沙罐进行排沙，冲洗管道系统末端积垢，清洗堵头或阀门。冲洗过程中管道要依次打开，不能同时全开，以维持管道内的压力。

入冬前进行管网系统冲洗，打开支管干管的末端堵头，冲洗掉积攒的杂物，排空管道积水，防止低温冻裂。检查水泵进水口处的杂物，清空管道里的水，并对水源处的各阀门进行封堵。将滴灌设备可拆卸的部分拆下，清洗干净并排空残余水后保存，防止杂物进入。拆卸时应注意保护，避免损坏。损坏部件及时更换。第二年连接毛管前，应再次冲洗管网系统。

（七）收　获

手采棉田收获时应将霜前花、霜后花、落地花、僵瓣花等分收，避免毛发、化纤品等杂物混入。机械采收棉田，在棉花自然吐絮率达到30%～40%，且连续7～10 d气温在20℃以上时喷落叶剂，若喷后10 h内遇中到大雨应补喷。脱叶率90%以上、吐絮率95%以上时即可机械采收。棉花采收后及时回收滴灌管（带），清除田间残膜。

三、应用效果

可使一般的高产棉田增产7%～12%、中产棉田增产15%～20%、低产棉花产量提高30%。氮肥利用率提高3～6个百分点，磷肥利用率提高7～10个百分点。

四、适用范围

适用于干旱区棉花种植。

一年一熟制大豆节水种植模式

一、技术简介

10 月中旬—翌年 5 月上旬休耕，5 月中旬—6 月下旬等雨趁墒播种，一般年份全生育期浇水 1 次，亩灌水 40～50 m³。

二、技术要点

（一）选择适宜品种

根据不同区域的自然条件和种植水平，合理选用适宜河北省的国家或省级审定大豆品种。注意选用高产、抗病性好、适合机械化收获的大豆品种，如冀豆 12、冀豆 17、冀豆 19、冀豆 23、五星 4 号、沧豆 6、沧豆 10、邯豆 8 号、邯豆 9 号、邯豆 11、石豆 4 号、石豆 8 号、农大豆 2 号等。

（二）提高播种质量

大豆获得高产的关键是苗全苗壮。有条件的地方可免耕精量播种。选用播种、施肥、镇压一体机播种，提高播种质量。等雨播种或浇水造墒后播种，砂质土壤可浇蒙头水。一般亩用种量 4～6 kg，亩留苗密度 1.3 万～1.7 万株（行距 40～50 cm）。播种时一次性施足基肥，每亩侧深施肥（复合肥 N∶P∶K=15∶15∶15）10～25 kg，肥料施在种子侧下方 4～6 cm 处，以防止肥料与种子同位，影响种子出苗。此外，要根据种子发芽率状况及时调整播种量。

1. 播种时间

大豆一般要在 5 月中旬—6 月下旬播种完毕。过早播种易遇低温影响出苗，并且病虫害容易发生；过晚播种则影响产量，导致收益降低。

2. 播种方式

旋耕播种（推荐）：用旋耕犁对地表 10～15 cm 进行旋耕，再通过耙或耱作业，达到播种标准进行播种。

3. 播前准备

精选种子：大豆精播对种子要求较高。一定要去除霉粒、病粒、半粒、破皮籽粒，发芽率 95% 以上。

播种机的调试：① 按农艺要求调整株行距和播量，做好单口流量试验，确保播种量准确；② 调整播种深浅，一般播深 3 ～ 5 cm；③ 按施肥要求调整播肥器，确保播肥数量，肥料播在种子侧下 4 ～ 6 cm 处，防止肥料与种子同位，影响种子出苗。

（三）科学调控肥水

黑龙港地区大部分大豆田土壤有机质含量较低，各地要适当增施磷、钾肥，少施氮肥，有条件的地方可使用根瘤菌拌种。对于前期长势旺、群体大、有徒长趋势的田块，可在初花前开展化控防倒，如喷施多效唑、缩节胺、矮壮素等抑制剂 1 ～ 2 次，可控制地上部生长，促进根系生长。在施足基肥的基础上，大豆花期前后如未封垄，每亩追施大豆专用肥或复合肥 10 kg 左右。花荚期降雨集中且时间较长时，应及时开沟排涝防渍，遇干旱应及时浇水（掌握"无风快浇，风大停浇"的原则），促进开花结荚，增加单株粒数和百粒重。大豆生长中后期可喷施磷酸二氢钾、叶面宝、美洲星等叶面肥，防止植株早衰，增加粒重。

（四）防治病虫草害

优先选用黑光灯、性诱剂、粘虫板及食诱剂等"四诱"技术开展绿色防控，压低虫源基数。重点做好红蜘蛛、蚜虫、造桥虫、卷叶螟、点蜂缘蝽等害虫防治。点蜂缘蝽在河北省的发生逐年加重，可造成大豆大幅度减产甚至绝产，点蜂缘蝽应在大豆盛花期开始防治，每天 1 次，防治 2 ～ 3 次，点蜂缘蝽有迁飞的习性，应连同地边周围杂草、树木一并防治。

化学除草是目前大豆田杂草防除的主要手段，是大豆轻简化栽培的一项重要措施。由于大豆对许多化学除草剂非常敏感，应选用适宜的高效低毒除草剂，并严格按照说明书推荐剂量使用，避免造成当季大豆药害或影响后茬作物生长。

（五）适时收获

大豆完熟后及时收获，大豆收获期一般在 9 月下旬—10 月上旬，大豆叶片全部脱落、籽粒归圆呈本品种色泽、含水量低于 16% 时，适宜进行机械收获。收割机应配备大豆收获专用割台，或降低小麦等收割机割台的高度，一般割台高度不超过17 cm，降低拨禾轮转速以减轻拨禾轮对植株的击打力度，减少落荚、落粒损失。正确选择和调整脱粒滚筒的转速与间隙，脱粒滚筒转速的选择应以脱净及不堵塞为原则，脱粒间隙应在保证分离出的豆秆中不夹带籽粒的前提条件下越大越好，以降低大豆籽粒的破损率。如果收获前大豆田杂草较多，可人工拔除大草，也可提前一周使用化学除草剂除草。机收时应避开露水，防止籽粒黏附泥土，影响外观品质。

（六）注意事项

防止重茬：据研究，大豆重茬 1 ～ 4 年比正茬分别减产 10.2%、15.9%、23.7%、39.4%。因此，大豆要防止重茬种植，并注意合理轮作倒茬。

注意播种细节：播种机行走 10 ～ 20 m 后，停车观察播种深浅、种子分布、覆土镇压情况及施肥情况，发现问题及时排除。匀速驾驶，播种速度不易过快，一般播速每小时 4 ～ 8 km，行走过快播种质量急速下降。

后期拔除田间大草：大豆生长后期，田间常有蓖麻、苋菜、灰菜等大草生长，与大豆争夺养分与阳光，影响大豆的正常成熟，应及时拔除。

三、应用效果

与常规技术相比，亩均节水 30 ～ 50 m³，亩均增产 10% 以上。

四、适用范围

适用于华北季节性休耕区。

一年一熟制花生节水种植模式

一、技术简介

4月下旬—5月上中旬春播，5月下旬—6月上中旬夏播，等雨趁墒播种，一般年份全生育期浇水1次，亩灌水40～50 m³，有条件的地方，提倡采用水肥一体化技术，减少浇水量。

二、技术要点

（一）选用良种

各地应根据土壤、气候、市场等条件，鼓励选择高油、高油酸、高蛋白、适宜烘烤等优质专用品种，逐步满足油用、食用、出口等不同用途对花生品质的差异化需求。春播花生或春播地膜覆盖花生宜选择生育期在125 d左右的优质专用型中大果品种，应选择品质优、产量潜力大的冀花13号、冀花16号和冀花19号等。夏播花生宜选择生育期在115 d以内的优质专用型中小果品种。夏播花生应选择光热利用效率高、产量潜力大、综合抗性好的早熟品种，如冀花11号、冀花9号和冀花10号等。在选择品种时，还要注意品种抗性与当地旱涝、病虫等灾害发生特点相一致。机械化收获水平较高的产区，应选择结果集中、成熟一致性好、果柄韧性较好、不易落果、适宜机械化收获的品种。

（二）精细播种

1.适宜播期

春播露地大花生播期应掌握在连续5 d 5 cm地温稳定在17℃以上、小花生稳定在15℃以上，一般在4月下旬—5月上旬，春播覆膜花生4月20—25日播种；夏播花生播期一般不晚于6月20日。高油酸花生春播适宜播期应比同类型普通品种晚3～5 d。

2.适宜播量

一般春播大花生双粒亩播1.0万穴左右，小花生双粒亩播1.1万穴左右，单粒亩播1.4万～1.5万粒；夏播小花生双粒亩播1.1万～1.2万穴，单粒亩播1.6万～2.1

万粒。

3.药剂拌种

播种前 10 ～ 15 d 剥壳，剥壳前可带壳晒种 2 ～ 3 d，剔出霉变、破损、发芽的种子，按籽粒大小分级保存、分级播种。播种前已剥壳的种子要妥善保存，防止吸潮影响发芽率。选择合适的药剂进行拌种，拌种要均匀，随拌随播，种皮晾干即可播种，有效防治根茎腐病等土传病害和蛴螬、蚜虫等虫害。

（三）科学施肥

花生施肥的总原则是多施有机肥、少施化肥，有机无机结合、速效缓释结合，因地巧施功能肥。酸性土壤可增施石灰等生理碱性含钙肥料；连作土壤可增施石灰氮、生物菌肥；肥力较低的砾质砂土、粗砂壤土和生荒地增施花生根瘤菌肥，增强根瘤固氮能力；花生高产田增施生物钾肥，促进土壤钾有效释放。可通过施用生物肥料，减少化肥用量，控制重金属污染以及亚硝酸积累。花生播种时每亩施用 N 5 ～ 6 kg、P_2O_5 6 ～ 8 kg、K_2O 2 ～ 3 kg 做种肥，施肥深度 10 cm 左右。始花期，随浇水或降雨每亩追施 N 3 kg、CaO 1 ～ 6 kg。始花后 30 ～ 35 d，每亩叶面喷施 0.2% ～ 0.3% 的磷酸二氢钾水溶液 30 ～ 40 kg，每隔 7 ～ 10 d 喷施 1 次，连喷 2 ～ 3 次。

（四）科学浇水

足墒播种的春花生和夏花生，幼苗期一般不需浇水，适当干旱有利于根系发育，提高植株抗旱耐涝能力，也有利于缩短第一、二节间，便于果针下扎，增加饱果率。生育中期（花针期和结荚期）是花生对水分反应最敏感的时期，也是一生中需水量最多的时期，此期干旱对产量影响大，当植株叶片中午前后出现萎蔫时，应及时浇水。生育后期（饱果期）遇旱应及时小水轻浇润灌，防止植株早衰及黄曲霉菌感染。浇水不宜在高温时段进行，且要防止田间积水，否则容易引起烂果，也不宜用低温井水直接灌溉。

（五）放苗清枝

覆膜花生膜上覆土的，当子叶节升至膜面时，及时将播种行上方的覆土摊至株行两侧，余下的土撤至垄沟。膜上未覆土的幼苗不能自动破膜时要及时人工破膜放苗，尽量减小膜孔。自团棵期（主茎 4 片复叶）开始，及时检查并抠出压埋在膜下的横生侧枝，使其健壮发育，始花前需进行 2 ～ 3 次。

（六）中耕除草

露栽花生播种覆土后用乙草胺喷施地面。当花生接近封垄时，在两行花生行间穿沟培土，培土要做到沟清、土暄、垄腰胖、垄顶凹，以利于果针入土结实。

（七）合理化控

当植株生长至 30 ～ 35 cm 时，对出现旺长的田块用烯效唑等生长调节剂进行控制，要严格按使用说明施用，喷施过少不能起到控旺作用，喷施过多会使植株叶片早衰而减产。于 10：00 前或 15：00 后进行叶面喷施。

（八）病虫害绿色防控

优先选用黑光灯、性诱剂、粘虫板及食诱剂"四诱"技术控制虫害，压低虫源基数。防治花生蛴螬等地下害虫可选用白僵菌、绿僵菌、阿维菌素等生物制剂。防治叶斑病等病害可选用高效低毒杀菌剂。

（九）适期收获，安全贮藏

收获、干燥与贮藏是花生生产最后的重要环节。生产上一般在植株由绿变黄、主茎保留 3 ～ 4 片绿叶、大部分荚果饱满成熟时及时收获，具体收获期应根据天气情况灵活掌握。收获后应尽快晾晒或烘干干燥，使荚果含水量降到 10% 以下。注意控制贮藏条件，防治贮藏害虫的危害，防止黄曲霉毒素污染的发生。

三、应用效果

与常规技术相比，亩均节水 30 ～ 50 m³，亩均增产 10% 以上。

四、适用范围

适用于华北季节性休耕区。

花生膜下滴灌水肥一体化技术

一、技术简介

膜下滴灌是在膜下应用滴灌技术。在起垄覆膜种植的垄上、地膜下方、两行花生中间位置铺设滴灌带，通过可控管道系统供水，将加压的水经过滤设施滤"清"后，与水溶性肥料充分融合，形成肥水溶液，同时进行灌溉与施肥，适时、适量地满足花生对水分和养分的需求，实现水肥同步管理和高效利用的节水农业技术。

二、技术要点

（一）整地与施肥

宜冬前耕地，早春顶凌耙耢。耕地深度一般年份为 25 cm，深耕年份为 30 ～ 33 cm，每隔 2 年进行 1 次深耕。结合耕地施足基肥，每亩施用腐熟粪肥 800 ～ 1 000 kg 或养分总量相当的其他有机肥。

膜下滴灌可以不造墒播种。

（二）花生种子处理

应选择产量高、综合抗性好、产量潜力大的花生品种。播种前 10 d 左右，带壳晒种子 2 ～ 3 d 后剥壳。剥壳后剔除破损、虫蛀、发芽、霉变籽仁。按籽仁大小分为一、二、三级分别包装，一、二级作种子。花生种子质量应符合《经济作物种子　第 2 部分：油料类》（GB 4407.2）的要求。根据土传病害和地下害虫发生情况，选择药剂拌种或进行种子包衣。

（三）滴灌带准备

滴灌带可选用单翼迷宫式滴灌带或者内镶式滴灌带，滴头间距 ≤ 30 cm，滴头流量 1.5 ～ 2 L/h，滴灌带应符合《塑料节水灌溉器材　第 1 部分：单翼迷宫式滴灌带》（GB/19812.1）或《塑料节水灌溉器材　第 3 部分：内镶式滴灌管及滴灌带》（GB/T 19812.3）的要求。

（四）播　　种

适宜播种时间 4 月 25 日—5 月 15 日。选用能够一次性完成起垄、播种、镇压、铺设滴灌带、喷施除草剂、覆膜、覆土等工序的播种机。起垄幅宽 85 cm，垄面宽度 55 cm，垄上种植 2 行花生，行距 30 cm，播种深度 3～4 cm；滴灌带铺设到垄上中间位置，铺设时使滴灌带光滑的一面与地膜接触；滴灌带卷轴安装要转动灵活，放带松紧适宜，避免通水后滴灌带遇冷收缩，造成滴灌带与供水管道连接脱落。

播种密度：单粒播种密度每亩 15 000 穴，穴距 10.5 cm；双粒播种密度每亩 10 000 穴，穴距 15.7 cm。

喷施除草剂：播种同时喷施芽前除草剂，如每亩用 96% 精异丙甲草胺乳油 45～60 mL 或用 90% 乙草胺乳油 80～100 mL 兑水 30 kg，均匀喷洒到表层土壤。

（五）规划安装滴灌供水系统

依据水泵出水量确定滴灌面积。面积较大的地块应采用轮灌的方式，各轮灌区面积应相等，如水泵每小时出水量为 30 m³ 则滴灌面积为 8 亩，水泵每小时出水量为 50 m³ 则滴灌面积为 13 亩，水泵每小时出水量为 80 m³ 则滴灌面积为 20 亩。

首部系统一般安装在机井附近，进水端直接与水泵出水口相连，出水端与主供水管道相连。膜下滴灌系统的设计、安装应符合国家标准《微灌工程技术规范》（GB/T 50485）的有关规定。各轮灌区分别铺设供水管道。主管和支管一般采用“非”字形或半“非”字形铺设。支管应均匀分布，供水面积应相等，单根供水支管供水距离一般不超过 25 m 为宜。地面铺设供水主管和支管要考虑热胀冷缩现象，在铺设中预留冷缩量，呈“S”形铺设，接口要牢固，避免因通水降温冷缩使滴灌带和管件脱落。管道连接完成后应进行管道水压调试和系统试运行。检查管道压力是否符合设计要求，管件连接是否牢固，查找漏水地方。一般地面铺设管道主管道压力维持在 0.04～0.06 MPa，地下预埋主管道压力维持在 0.06～0.10 MPa。

（六）田间管理

1. 滴灌浇水

浇水定额一般每亩为 20～30 m³，保水性好的壤土采用较小的定额，保水性较差的沙壤土采用较大的定额。

2. 浇水时间

浇水时间是单个轮灌区完成预定浇水定额需要滴灌的时间，浇水时间由浇水定额、水泵出水量和滴灌面积确定，如浇水定额每亩为 20 m³，滴灌面积为 8 亩，水泵每小时出水量为 30 m³，则浇水时间为 20 × 8 ÷ 30=5.3（h）。

3. 浇水周期

浇水周期指相邻两次浇水间隔的天数。浇水周期受气候、土壤田间持水量变化等影响较大，根据土壤田间持水量变化来决定何时需要浇水，一般在没有明显降雨且干旱的情况下浇水周期为 15 ～ 20 d。

4. 滴灌施肥

利用测土配方施肥技术确定亩施肥总量，滴灌最佳施肥量为常规施肥量的 60%。一般中等肥力地块亩滴灌施肥总量为 N : 9.5 kg、P_2O_5 : 9.0 kg、K_2O : 1.5 kg、CaO : 2.5 kg。根据花生不同生育期需肥规律分别在播种期、始花期、结荚期和饱果成熟期分 4 次施肥，或者分别在播种期、始花期、结荚期分 3 次施肥（第三次施肥量为结荚期和饱果成熟期的需肥总量）。根据单位施肥总量及不同生育时期需肥比率计算施肥量，不同生育时期的施肥量占总需肥量的比率详见下表。

表　不同生育时期施肥量占总需肥量的比率　　　　　（单位：%）

生育时期	N	P_2O_5	K_2O	CaO
幼苗期	5.35	4.78	9.02	5.06
花针期	18.19	15.15	31.86	20.65
结荚期	53.67	43.86	58.52	48.69
饱果成熟期	22.79	36.21	0.60	25.61

在确定的施肥时期，随着滴灌浇水的同时将相应量的肥料通过施肥设备输入滴灌管道中。一般选择在滴灌浇水中后期开始滴灌施肥，施肥结束后应继续滴灌浇水不小于 30 m，以保证肥料充分渗透到耕层中，防止因肥料过分集中在花生根系部位而造成烧根现象。

5. 杂草防除

播种时未喷除草剂的，花生出苗后及时中耕或喷施芽后除草剂防除杂草。例如，在杂草 3 ～ 6 叶期每亩用 10% 精喹禾灵乳油 25 ～ 35 mL 或用 240 g/L 乳氟禾草灵乳油 15 ～ 30 mL，兑水 30 kg 喷施除草。

6. 生长调控

分别在花针期（播种后 30 d）、结荚期（播种后 60 d）和饱果期（播种后 90 d）叶面喷施 0.01% 芸苔素内酯 10 mL/ 亩 +250 g/L 吡唑醚菌酯杀菌剂 15 mL/ 亩。植株高度达到 30 cm，叶面喷施生长抑制剂。例如，每亩用壮饱安可湿性粉剂 20 g 或 15% 多效唑可湿性粉剂 20 g，兑水 30 kg 叶面喷施，施药后 10 ～ 15 d 植株高度达到 40 cm 时可再喷施 1 次。

7. 叶部病害防治

花生开花后 30 ～ 35 d，每亩叶面喷施杀菌剂 +50 g 磷酸二氢钾水溶液 30 kg 防治叶部病害。例如，每亩用 300 g/L 苯甲·丙环唑乳油 25 ～ 30 mL 或 325 g/L 苯甲·嘧菌酯悬浮剂 20 mL 或 60% 唑醚·代森联 60 g，于 15 : 00 以后喷施，每隔 10 ～ 15 d 喷施 1 次，连喷 3 次。

（七）收　　获

1. 地面管道处理

收获前应先拆除地上部铺设的灌溉管道。干管、支管拆除后冲洗干净妥善保存，留待下年度继续使用。膜下的滴灌带根据收获机要求可选择拆除或不拆除，拆除的滴灌带不再重复使用。

2. 收　　获

9 月上旬适时收获，及时晾晒干燥，确保 7 d 以内荚果含水量降至 10% 以下，籽仁含水量降至 8% 以下。

三、适用范围

适用于河北省花生产区。

谷子保水高效种植技术

一、技术简介

集谷子抗旱抗除草剂品种、保水剂、化学间苗除草、全程机械化等技术于一体，实现水分高效利用和机械化生产。

二、技术要点

1.品种选择

选择适合机械化生产的谷子抗旱品种，优先采用抗除草剂品种。

2.整　　地

春季及时翻耕，深度 20～25 cm。雨后墒情适宜时，中等地力每亩底施颗粒成品有机肥 300 kg 左右，也可施氮磷钾复合肥或缓控释肥 30 kg 左右，保水剂 3～5 kg，随后旋耕，深度 10～15 cm，镇压，要求地表平整，耕层绵软，土块细碎，施肥均匀。

3.播　　种

采用与拖拉机配套的多行谷子精量播种机，播深均匀一致；播种机可调亩播量为 0.2～1.0 kg，播后随即镇压。播种深度 3～5 cm，行距 45～50 cm。播种量严格根据品种说明和墒情调节。

4.间苗除草与病虫害防治

抗除草剂品种于谷苗 3～5 叶期，喷施配套除草剂进行间苗除草。分别于苗期、拔节期、抽穗灌浆期进行病虫害防治。采用高地隙喷药机、无人机进行药物喷施。

5.中耕追肥

苗期喷除草剂的地块，采用与 20～35 马力（1 马力 ≈ 735.5W，全书同）四轮拖拉机配套的谷子中耕施肥机，在苗高 35～45 cm 时进行中耕施肥，深度 3～5 cm，亩追施尿素 15～20 kg。

6.收　　获

在蜡熟末期，采用谷物联合收割机及时进行收获。

三、应用效果

采用保水高效种植技术，雨水利用率提高 30% 以上，同时显著提高肥效，疏松土壤，修复农田因化肥过量使用带来的板结问题，既提高产量，又避免环境污染。与常规技术相比，亩增加保水剂成本 100 元，亩增收 200 元左右，亩节支增收 400 元以上。

四、适用范围

适用于降水量 350 ～ 500 mm 的旱区应用，适合土壤类型为壤土或砂壤土。

谷子渗水地膜精量穴播技术

一、技术简介

谷子渗水地膜精量穴播技术就是在地膜覆盖的基础上，运用机械进行穴播，发挥地膜覆盖的增温保墒作用，可使雨水下渗既能防止雨水蒸发，又提高种植的机械化程度和田间管理效率。可以起到省工、节水、省籽、保苗的作用，保证了播深一致、出苗整齐、苗匀苗壮。该技术涵盖了农业新品种、新产品、新工艺，不仅实现了良种良法配套，还形成了农机与农艺的有效结合，铺膜播种一次完成，是旱地变"水地"的现代农业种植新模式。

二、技术要点

（一）播前准备

选用地势较为平坦、地块较大、土层深厚、土质疏松、中上等肥力、保肥保水能力较强的地块，避免重茬，豆科作物、马铃薯前茬为佳。

秋季整地：前茬作物收获后及时灭茬，深耕翻土，耕后要及时耙耱保墒，做到土壤细碎，地面平整。对前茬没有地膜覆盖的谷子地，要求机械化秸秆粉碎长度<10 cm，再深耕25～30 cm将粉碎后秸的秆埋入土壤。

春季整地：前茬是地膜覆盖的旱地地块，秋季不耕地，到春季播种前1～2 d耕地，耕后及时耙耱镇压。

每亩施优质农家肥1 500～2 000 kg和相当于氮（N）12～15 kg、磷（P_2O_5）6～8 kg、钾（K_2O）3～5 kg的化肥，在整地前施入。

地下害虫为害严重的地块，春季整地时每亩用40%辛硫磷乳油0.5 kg加细沙土30 kg，拌成毒土撒施。杂草为害严重的地块，整地后用50%的乙草胺乳油兑水全地面喷雾。土壤含水量大、温度高的地区，每亩用乙草胺乳油50～70 g，兑水30 kg；冷凉地区用乙草胺乳油150～200 g，兑水40～50 kg。

选择适宜生态区的优质高产品种，选用精选加工包衣的种子，种子质量符合《粮食作物种子　第1部分：禾谷类》（GB 4404.1）和《农作物薄膜包衣种子技术条件》

（GB/T 15671）。当农户自留种子时，种子应选用适当方法清选。对普通农户，先用簸箕风选，清除瘪谷种、草籽、杂质等，再倒入适量 10% 的盐水精选，充分搅拌后漂净盐水上层瘦瘪谷种、草籽和杂质等，然后捞出底层饱满谷种，用清水洗 2～3 遍并晾干。对大型基地，可用谷种清选机清选，并在晴天摊晒 2～3 d。

选用不同药剂拌种，防治相应病种。白发病易发地区，可用 35% 甲霜灵（又名瑞毒霉）拌种剂或 25% 甲霜灵可湿性粉剂，按种子质量的 0.2%～0.3% 拌种。黑穗病易发地区，可用 40% 福·锌可湿性粉剂或 50% 多菌灵可湿性粉剂，按种子质量的 0.2%～0.3% 拌种。白发病和黑穗病混发地区，可用 35% 甲霜灵拌种剂和 40% 福·锌可湿性粉剂，按 1∶2 或 2∶1 比例混配，并按种子质量的 0.3% 拌种；或用甲霜灵（35% 甲霜灵拌种剂或 25% 甲霜灵可湿性粉剂）和 50% 克菌丹，按 1∶1 比例混配，并按种子质量的 0.5% 拌种。选择符合《聚乙烯吹塑农用地面覆盖薄膜》（GB 13735）质量标准的渗水地膜，一膜种植四行应选择幅宽 1 650 mm 的渗水地膜。采用一膜四行波浪形沟穴播种植模式，牵引动力 30～44 马力，修整与模式相配套的能够完成谷子精量沟穴播并形成波浪形微地形的宽幅渗水地膜。

（二）覆膜播种

当 5 cm 地温稳定通过 10℃时，在无霜期较短（110～125 d）的地区可以开始播种，在无霜期较长的（125～180 d）地区可结合农时（小满前后 5 月中下旬）播种。播期原则：冷凉区旱地抢墒重于抢时；温热区宜晚不宜早；在同一生态区生育期长的品种宜早播，生育期短的品种宜晚播；当遇到持续干旱可采取干播法等雨。亩播量 0.20～0.30 kg，单穴播种量 7～10 粒。使用 30～40 马力拖拉机牵引谷子专用 2MB-1/4 铺膜覆土播种机，一次性完成探墒开沟、铺膜、打孔、精量穴播、覆土、镇压。

播种：渗水地膜每亩用量 3.5～4.5 kg，膜间距控制在 30～40 cm。播种器的穴距 20 cm 或 25 cm 和行距 35～50 cm，条带间距 40～50 cm。高水肥旱地每亩种植密度 7 000～7 500 穴，中水肥旱地每亩种植密度 6 500～7 000 穴，低水肥旱地每亩种植密度 5 000～6 000 穴。

覆土与镇压：覆土厚度为 3～5 mm。土壤黏重、墒情好的宜薄，墒情差、质地轻的宜厚。

（三）生育期管理

因机手操作不当，膜孔发生错位造成出苗不畅时，需要人工辅助放苗。二叶一心期，穴出苗率达到 75% 以上时不需要补苗，穴出苗率 < 75% 时需人工补种。

病害主要防治锈病和谷瘟病。针对谷子锈病，病叶率达到 1% ～ 5% 时，可用 15% 的粉锈宁可湿性粉剂 600 倍液进行第一次喷药，隔 7 ～ 10 d 后酌情进行第二次喷药。针对谷瘟病害，可用敌瘟磷（克瘟散）40% 乳油 500 ～ 800 倍液、或 50% 四氯苯酞（稻瘟酞）可湿性粉剂 1 000 倍液、或 2% 春雷霉素可湿性粉剂 500 ～ 600 倍液等。防治叶瘟在始发期喷药，防治穗颈瘟可在始穗期和齐穗期各喷药 1 次。

钻心虫害每 1 000 株谷苗有卵 2 枚时，喷洒触杀性杀虫剂（浓度依据药品说明书配置）。出苗 10 ～ 15 d（谷苗 3 ～ 5 叶期）后，于晴朗无风天气喷施专用除草剂（浓度依据药品说明书配置），并确保药剂不飘散到其他作物。

（四）收　　获

籽粒变硬、成熟、断青，全穗已充分成熟，及时收获。生产档案记录谷子品种及农药、化肥、除草剂等的品名、用量、施用时期等以备查阅。

三、应用效果

与普通地膜比较，渗水膜可大大提高光温利用率，旱地覆盖的增产幅度可比普通地膜高 30% 以上，再运用高产栽培技术模式，旱地天然降水利用率可提高到 60% 以上。

四、适用范围

适用于半干旱谷子种植区。

一年一熟制高粱节水种植模式

一、技术简介

5月底—6月中旬等雨趁墒播种,一般年份全生育期不浇水。

二、技术要点

(一)播前准备

1.整　地

选择土层深厚、结构良好、肥力适中、地势平坦的地块,忌重茬。春播高粱应在前茬作物收获后及时深耕,耕翻深度25～30 cm,春季亩施土杂肥1 000～1 500 kg、复合肥(18–12–20)30～40 kg或生物有机肥200 kg,旋耕1～2遍后耙平。重度盐碱地可结合深耕亩施以腐殖酸、含硫化合物和微量元素为主的土壤改良剂100～150 kg。

2.种子处理

选择籽粒饱满、整齐一致的种子,纯度95%以上,净度98%以上,发芽率85%以上;播前15 d将种子晾晒2 d,用辛硫磷或者甲基硫菌灵拌种或包衣,防治黑穗病及地下害虫等。

(二)精细播种

1.品种选择

选择优质、高产、抗蚜、抗逆性强、熟期适宜的优良品种。粒用高粱品种可选用冀酿1号、冀酿2号抗蚜高粱杂交种,或红茅梁6号等适应性强的酿造高粱品种,甜高粱品种可选用能饲2号、冀甜3号等用来生产青贮饲料。

2.播　期

适宜播期在5月底—6月初,抢墒早播,在春季干旱年份可推迟到6月25日前等雨夏播。一般10 cm耕层地温稳定在10℃以上、土壤含水量15%～20%为宜。墒情不足时可先灌水补墒后播种,谨防芽干出苗不齐。

3.播种方式

采用精播机播种，亩播量 0.3～0.5 kg，盐碱地适当加大播量。一般行距 50～60 cm，播种深度 3～5 cm，深浅一致，覆土均匀，播后镇压。

（三）田间管理

1.除　　草

出苗前喷施除草剂。每亩用 38% 莠去津 180 mg，兑水 30～40 kg，喷洒土表；或用"粱满仓"高粱专用除草剂苗后喷施，一般在杂草出苗后 3 叶时喷洒。

2.补苗定苗

出苗后及时查苗补苗，出现缺苗时可浸种催芽补种或借苗移栽。适于机械化栽培的矮秆品种亩密度 0.8 万～1 万株，中高秆品种应适当降低种植密度，亩密度 0.6 万～0.7 万株，饲用甜高粱亩密度 5 000 株左右。

3.中　　耕

出苗后中耕 1～2 次，松土、保墒、除草。

4.肥　　水

高粱为耐旱作物，在整个生育期内一般不用浇水。在特殊干旱的情况下，拔节孕穗是需肥水关键期，可结合中耕培土、浇水进行追肥，亩施尿素 10 kg。乳熟期干旱，千粒重受影响，有条件地区应及时灌水。多雨季节要及时排水防涝。

（四）病害防治

重点做好高粱蚜、粘虫、玉米螟、桃蛀螟、棉铃虫等虫害的防治。

（五）收　　获

粒用高粱在 90% 籽粒达到完熟期、含水量下降到 20% 左右时，用高粱籽粒收获机进行机械收获，收获后要及时晾晒或烘干，水分降到 14% 时可长期存放；甜高粱做饲用要在乳熟晚期用青贮收获机收割；糖用高粱要在蜡熟末期及时收获。

三、应用效果

与常规技术相比，亩均节水 30～50 m³，亩均增产 10% 以上。

四、适用范围

适用于华北季节性休耕区。

一年一熟制绿豆节水种植模式

一、技术简介

4月中下旬—5月上旬春播或6月上旬—7月上旬夏播，等雨趁墒播种，一般年份全生育期浇水0～1次。

二、技术要点

（一）播前准备

1. 整地施肥

绿豆忌与豆科作物连作和重茬，最好与禾谷类作物间作或轮作。播种前要精细整地，因地制宜施足基肥。春播前深耕20～25 cm，结合深耕，在中等肥力以下的地块亩施有机肥500～1 000 kg、复合肥（14-17-14）15～20 kg或磷酸二铵10～15 kg、硫酸钾5～10 kg，深耕后耙细整平地面。

2. 品种选择

冀中南、冀东等春播区选用直立紧凑、主茎粗壮、抗病、抗倒伏，优质高产的品种，如冀绿7号、冀绿13号、冀绿14号、保绿942、中绿5号等。冀西北山区丘陵地选用抗旱、耐瘠薄、高产优质的品种，如张绿1号、张绿2号、鹦哥绿豆等。

3. 种子处理

在播种前要对种子进行精选，晾晒1～2 d。药剂拌种，防治地下害虫。

（二）播　　种

1. 播　　期

绿豆生育期短，适播期长。春播冀中南地区一般在4月中下旬—5月上旬，冀西北山区丘陵地一般在5月中旬至下旬；夏播区6月上旬—7月上旬，7月中旬左右播种一定要选特早熟绿豆品种，如冀绿10号、冀绿13号等。

2. 播种方式

绿豆播种方式有条播和穴播，其中以机械条播为多。条播时要下种均匀，防止覆土过深，播深约3 cm，行距一般40～50 cm。零星种植大多为穴播，每穴2～3粒，行距 40 ～ 50 cm。

3．播　　量

一般条播亩播量 1.25 ～ 1.5 kg。早熟品种宜密植，中晚熟品种宜稀植；春播宜密，夏播宜稀；高肥水宜稀，低肥水宜密。

（三）田间管理

1．除　　草

播后苗前可亩用 50% 乙草胺 60 ～ 100 mg，或 72% 异丙甲草胺乳油（金都尔）150 ～ 200 mL，兑水 40 ～ 50 kg，进行封闭除草。

2．补苗定苗

出苗后及时查苗补苗，尽量在 3 d 内补种。密度过大时，在绿豆第一片真叶期间苗，在第二片至第三片复叶展开间定苗，实行单株留苗。一般春播直立型早熟品种亩留苗 1.5 万 ～ 1.8 万株，半蔓生型中熟品种 0.8 万 ～ 1.2 万株；夏播宜选用直立型中早熟品种，亩留苗 1.0 万 ～ 1.3 万株。

3．追　　肥

初花期依据土壤肥力和田间长势，可亩施复合肥或磷酸二铵 10 kg，开沟施入。分批次收获的绿豆，首批绿豆采收后可喷施叶面肥或磷酸二氢钾，肥力好的地块可以不追肥。

4．浇　　水

绿豆苗期需水量不多，要求土壤相对干旱一些，不宜浇水，以防徒长。开花期是绿豆需水临界期，花荚期是需水高峰期，遇旱要及时浇水。绿豆怕涝，发生洪涝时应及时排水防涝。

（四）病虫防治

绿豆病害主要有枯萎病、叶斑病、晕疫病、病毒病和白粉病等，虫害主要有苗期的地老虎、玉米螟、棉铃虫、蚜虫、红蜘蛛，花荚期的蓟马、豇豆荚螟等。

（五）收　　获

绿豆成熟后要及时收获。分次收获：植株上 60% ～ 70% 豆荚成熟时开始采收，每隔 7 ～ 10 d 采摘 1 次，分批次收获可以增加产量、保证质量。一次性收获：植株上 80% 以上的豆荚成熟后收割。对易落荚落粒的品种采用人工摘荚、分次收获为宜。

三、应用效果

与常规技术相比，亩均节水 30 ～ 50 m³，亩均增产 10% 以上。

四、适用范围

适用于华北季节性休耕区。

一年一熟制甘薯节水种植模式

一、技术简介

4月下旬—5月上中旬等雨趁墒播种，一般年份全生育期浇水1次，亩灌水40～50 m³。

二、技术要点

（一）选用良种

生产中要根据不同用途分别选用淀粉型、鲜食型、特用型、菜用型等优良品种。适宜淀粉加工型品种有徐薯18、冀薯98、卢选1号、秦薯5号、商薯19、济薯25、冀粉1号等；适宜鲜食及加工型品种有龙薯9号、北京553、烟薯25、冀薯982、济薯26、普薯32、红香蕉、冀紫薯2号、紫罗兰等；适宜色素提取的品种有烟紫薯3号、济黑1号、徐紫薯8号等；适宜菜用型品种有台农71、福薯18等。一般旱薄地宜选用耐瘠抗旱品种，如冀薯98、济薯26、烟薯25、卢选1号、北京553、徐薯18等；水浇地宜选用耐肥品种，如商薯19、龙薯9号、苏薯8号、普薯32、红香蕉等品种。

（二）培育壮苗

甘薯育苗一般在3月中下旬进行。选择无病、无伤、无冻害湿害的健康种薯，在生茬地或者3年未种甘薯的地块建苗床，苗床内底施高钾复合肥，采用斜排法或平排法摆放种薯，密度一般为20 kg/m²采用小拱棚双膜、中棚或大棚育苗，有条件的可以采取火炕或水暖等措施增温。苗床管理应注意保持适宜的温度和充足的阳光，出苗前保持苗床地面干干湿湿；出苗后应保证充足水分，同时每天上午10∶00到下午15∶00苗床两侧开小口通风，防止高温烤苗；50%以上薯苗具有5个展开叶后逐日增大苗床侧面通风口，进行炼苗。壮苗的标准是百株重500 g以上、顶三叶齐平、叶片大而肥厚、茎粗而节匀、茎上无气生根、无病虫害、株高25 cm左右。壮苗比弱苗一般增产20%以上。繁育种薯用苗要建立无病采苗圃，通常在4月下旬或5月上旬栽植，6月中下旬采蔓头苗进行种薯栽植，霜前收获。

（三）深耕改土

甘薯高产要求选择土质疏松、耕层深厚、保墒蓄水好、肥力适度的沙壤土。特别是鲜食甘薯最好选择无甘薯病害的生茬地、土层较厚、排水良好，以保证较高的商品薯率。甘薯田栽前耕翻能加厚活土层，疏松熟化土壤，一般冬前耕翻深度以 30 cm 为宜，春耕应与起垄同时进行，随耕随起垄，保住底墒。黏土掺砂可改良土质，增强通气性；盐碱地压砂可防止泛盐，降低耕层含盐量；砂地可增加有机肥、绿肥等用量，改变其松散性，增强保水保肥能力。轮作是减轻病虫害、提高产量、改善品质最经济有效的方法，甘薯可以和花生、玉米、谷子等作物轮作，轮作周期 3 年左右。

（四）起垄覆膜

起垄时要做到垄形肥胖，垄沟窄深，垄面平，垄土踏实，无大垡和硬心。起垄建议采用旋耕起垄一体机，各地根据情况确定垄距，一般瘠薄地 70 ~ 80 cm，平原地垄距 80 ~ 85 cm。目前，生产上推广应用复合地膜（主体为黑膜，中间约 15 cm 为透明膜）覆盖，不用化学除草，紧贴表土覆膜无空隙，用土压实，栽后覆膜注意不要压断薯苗，扣苗后膜口小，湿土封口，封实不透气，避免高温和除草剂熏蒸。

（五）科学施肥

根据甘薯需肥规律，甘薯施肥掌握的原则是基肥为主，追肥为辅；有机肥为主，化肥为辅；增施钾肥为主、磷肥为辅。同时，针对不同的土壤和肥力，施肥种类应有所区别，砂土地、瘠薄地应增施有机肥，提高保水保肥能力，丰产田应增施钾、磷肥，以防止氮肥过多造成茎叶徒长而减产。亩产 3 000 kg 的甘薯一般每亩施有机肥 2 000 ~ 3 000 kg，氮磷钾复合肥（15–15–15）20 kg，硫酸钾 15 ~ 20 kg，起垄时开沟施于垄下。当甘薯进入块根迅速膨大期后，为防止茎叶早衰，可用 0.5% 尿素、0.2% 磷酸二氢钾等溶液进行根外叶面喷肥，每隔 7 d 喷 1 次，喷施时间以傍晚为宜。

（六）合理密度

春薯栽植期一般在 4 月下旬—5 月上中旬，当 10 cm 地温稳定在 17 ~ 18℃时，用于贮藏的春薯适当晚栽 10 ~ 15 d，可提高商品率和贮藏性；种薯要力争晚栽，6 月中下旬为宜，过早栽植，生育期长，产量高，病害积累量大，不利于健康种苗繁育。甘薯的栽植密度应根据土壤肥力、品种特性、栽插时间和方法等条件来确定。一般来讲，肥水条件好的地块密度宜稀，旱薄地宜密；施肥多的地宜稀，施肥少的地宜密。一般丘陵旱薄地每亩 4 000 ~ 4 500 株，平原旱地每亩 3 500 ~ 4 000 株，水肥地每亩 3 000 ~ 3 500 株较为适宜。品种方面，短蔓品种宜密，每亩 4 000 ~ 4 500 株较好；长蔓品种宜稀，每亩以 3 000 ～ 3 500 株为宜。春薯种植密度每亩 3 500 ～ 4 000 株，夏薯每亩 4 000 ～ 4 500 株。

（七）提高栽插质量

甘薯栽插应选无病壮苗，剔除病苗、弱苗，以保证苗全、苗匀、苗旺，要注意以下几点。一是采苗时间。苗床薯苗高度 25 ～ 30 cm，经过 5 d 以上的放风晒苗后才可以采苗。二是高剪苗。在离床土面 5 cm 高处剪苗，防止薯块病菌以及土传病菌通过薯苗带到田间，保留底部 1 ～ 2 片叶，以利于新芽萌发。尽量选择短节间薯苗。更换品种前用 2% NaCl 浸泡 3 ～ 5 min 进行剪刀消毒。三是薯苗处理。可将秧苗基部 10 cm 以下部分在生根粉溶液中浸泡 10 min，促进生根，浸苗后立即栽插。四是栽秧深度。甘薯栽秧深度一般以 5 ～ 10 cm 为宜。建议采用斜插或船形栽插。黏土或土壤含水量多的可稍浅，干旱瘠薄田的适当深栽可提高抗旱性，以利于秧苗成活健壮生长。五是茎蔓化控。栽插后 30 d 左右，每亩用 240 ～ 450 mg 己酸二乙氨基乙醇酯（DA-6）和（60 ～ 100 mg）磷酸二氢钾兑水 30 kg 均匀喷施，每隔 3 d 喷施 1 次，连喷 2 次，促进群体生长；茎蔓封垄前后，每亩 36 ～ 50 g 的烯效唑兑水 30 kg 均匀喷施，每隔 7 d 喷施 1 次，连喷 2 次，防止茎叶旺长。六是查苗补苗。栽后 1 周内对因病虫害或栽植不当造成的死苗选用壮苗及时补栽，生长中期及时中耕除草、禁止翻蔓。

（八）防治病虫害

甘薯病虫害的发生对甘薯产量、品质和商品率影响严重。除选用抗病品种、应用合理轮作、高剪苗、药剂浸苗等外，还要密切注意各生育期的病虫害发生。鲜食型品种起垄和栽插时需重点防治线虫、蛴螬和金针虫等，尽量选用无线虫的地块种植。

（九）适期收获

甘薯一般在 10 月上中旬开始收获，霜降前收获完毕。做种薯或鲜食用甘薯要选择晴暖天气上午收刨，中午在田间晾晒，当天下午入窖。要注意做到轻刨、轻装、轻运、轻卸，要用塑料周转箱或条筐装运，防止破伤。收获时间早晚和薯块出干率也有较密切关系，10 月初—10 月中旬是春薯晒干淀粉加工用的最好收获期。

（十）贮　　藏

贮藏前要对贮藏窖进行清扫消毒，用点燃硫黄熏蒸与喷洒多菌灵相结合杀灭病菌。严格剔除带病、破伤、受水浸、受冻害的薯块，贮藏量一般占窖空间的 2/3。有条件的可在入窖前进行高温愈合，具体做法是：入窖后将门窗通风口全部关闭，利用电炉、电热线等措施加温至 38℃，利用风机保持薯堆内外温度均匀，保持 72 h，然后快速通风降温至 12℃左右。贮藏期甘薯窖温保持 12 ～ 13℃，湿度保持 85% ～ 90%。加强管理，确保安全贮藏。

三、应用效果

与常规技术相比，亩均节水 30 ～ 50 m^3，亩均增产 10% 以上。

四、适用范围

适用于华北季节性休耕区。

冬油菜（绿肥）旱作种植模式

一、技术简介

8月底—9月下旬，主作物收获后等雨趁墒播种冬油菜，翌年夏种作物播种前深翻作绿肥，油菜全生育期不浇水。

二、技术要点

1. 品种选择

选用生物量大、抗病、抗逆、高抗寒和商品性好的白菜型冬油菜品种，如陇油6号、陇油9号、天油2号和天油8号等。

2. 种子处理

播前晒种、精选，将种子放在浓度为8%～10%的盐水中搅拌5 min，清除浮在水面的菌核，用50～54℃的温水浸种20 min，捞起后闷种2 h。

3. 精细播种

冀南地区适宜播期在9月中下旬，冀中适宜播期在8月底—9月中旬，趁墒播种。播种方式为20 cm等行距开沟行播，播深3 cm左右，播后覆土镇压。亩播量200～300 g。每亩留苗4万～8万株。

4. 预防病虫草害

重点防治叶斑病、霜霉病和蚜虫、棉铃虫等病虫害。

5. 适时翻压

全生育期不抽取地下水灌溉，不收获。下茬作物播种前10天直接旋耕翻压入田，培肥地力。

三、应用效果

与常规技术相比，地力水平有所提升，土壤理化性状得到改善。

四、适用范围

适用于华北季节性休耕区。

二月兰（绿肥）旱作种植模式

一、技术简介

二月兰最佳播种时间是在玉米、谷子、高粱、棉花、大豆等作物苗期进行行间撒播播种，冀中南地区可以在8月底—9月下旬主作物收获后等雨趁墒播种，全生育期不浇水。

二、技术要点

（一）播前准备

1.种子选择

采收的新鲜种子有后熟生理现象，因此，最好选择当年通过休眠期的新种进行种植，应精选或筛选种子，清除种子内杂物，做好发芽试验，准确掌握种子的发芽率和发芽势。

2.精细整地

北方二月兰种子小，每克种子500～600粒，播种深度要浅，因此播种地块一定要翻耕、耙平，达到上虚下实、无坷垃杂草。保证土壤足够的墒情，做到足墒下种，从而保证种子萌发和出苗。

3.施基肥

二月兰是十字花科作物，对于氮磷钾肥都比较敏感，特别是氮肥。一般来说，播种时可不施肥。亩施肥5 kg尿素，能更好保证二月兰在冬前良好生长。

（二）精细播种

1.播种时期

冀中南地区二月兰播种时间不能晚于9月下旬，晚播则苗小易造成越冬死亡。各地应当根据当地具体情况，确定播种期播种。冀中南偏北一些的地区，应适当提前播种。二月兰种子具有高温休眠特点，冀中南、冀东地区均可在玉米、谷子、高粱、棉花、大豆等作物苗期进行行间撒播播种（套种），不进行任何处理。

2. 播种方式

包括撒播和条播 2 种方式。条播行距 15 ～ 20 cm，作物收获后撒播播种需用小四齿或平耙等工具翻土掩埋、镇压。有条件的可用专用工具或机械播种，无论哪种方式播种后都要耙平，适时镇压。管理粗放时需加大播种量，也可在苗圃育苗，移栽更容易成活，但较费工、费时。

3. 播种量

亩播量 1.0 ～ 1.3 kg，条播比撒种可减少播种量 20% ～ 30%。整地质量好，土壤细碎可以相对节约播种量。农田套种可适当增加播种量，弥补作物采收时，人工、机械的踩踏损失。

4. 播种深度

二月兰以浅播为宜，在保证出苗墒情播深 1 ～ 2 cm 即可，墒情差的地块则需要播深 2 ～ 3 cm。8 月底前播种的一般可不浇水，利用自然降雨即可出苗。

（三）田间管理

病虫害防治。二月兰极少感染病虫害，但天气阴冷潮湿、种植密度过大则易发病，可通过合理密植和化学药剂进行防治。

（四）适时翻压

全生育期不抽取地下水灌溉，不收获。下茬作物播种前 10 d，二月兰盛花期直接旋耕翻压入田，培肥地力。

三、应用效果

与常规技术相比，地力水平有所提升，土壤理化性状得到改善。

四、适用范围

适用于华北季节性休耕区。

黑麦草（绿肥）旱作种植模式

一、技术简介

9月下旬—10月上中旬，主作物收获后趁墒播种黑麦，全生育期不浇水。翌年夏种作物播种前 10 d 将黑麦旋耕翻压作绿肥。

二、技术要点

（一）播前准备

1. 种子选择

最好选择当年通过休眠期的新种进行种植，应精选或筛选种子，清除种子内杂物，做好发芽试验，准确掌握种子的发芽率和发芽势。

2. 精细整地

播种地块一定要翻耕、耙平，达到上虚下实、无坷垃杂草。保证土壤足够的墒情，做到足墒下种，从而保证种子萌发和出苗。

3. 施基肥

黑麦是禾本科作物，对于氮磷钾肥都比较敏感，特别是氮肥。作为绿肥利用，播种时一般不施肥。亩施 20 kg 尿素，能更好地保证黑麦良好生长。

（二）精细播种

1. 播种时期

黑麦以秋播为主，播期范围很大，9月下旬—10月 10 日为黑麦的最佳播期，最晚不迟于10月 20 日。

2. 播种方式

播种方式以条播为主，也可撒播。条播行距 15 ~ 20 cm；撒播播种需用小四齿或平耙等工具翻土掩埋、镇压。

3. 播种量

条播一般每亩播种 7.5 ~ 10 kg，视土质墒情、整地质量、种子发芽率高低等酌情增减；撒播播种量要增加 20% ~ 30%。

4.播种深度

条播播种深度 4～5 cm，具体深度还要视墒情、土质、整地等灵活掌握，但其变幅不宜过大。

（三）田间管理

1.追　　肥

为保证黑麦有较高的鲜草量，追肥是必要的。一般在黑麦返青后每亩追施尿素 15～20 kg。

2.病虫害防治

黑麦极少感染病虫害，但天气阴冷潮湿、种植密度过大则易发病，可通过合理密植和化学药剂进行防治。

（四）适时翻压

全生育期不抽取地下水灌溉，不收获。下茬作物播种前至少 10 d 要进行旋耕翻压入田，培肥地力。

三、应用效果

与常规技术相比，地力水平有所提升，土壤理化性状得到改善。

四、适用范围

适用于华北季节性休耕区。

上茬冬油菜下茬花生节水种植模式

一、技术简介

上茬冬油菜、后茬花生，轮作换茬，可有效预防和减轻病、虫害发生；预防生物学混杂和自生油菜混杂。

二、技术要点

● 冬油菜生产技术

（一）品种选择

选用高产、抗病、抗逆、高抗寒和商品性好的白菜型冬油菜品种，如陇油 6 号、陇油 9 号、天油 2 号和天油 8 号等。

（二）整地、施肥

浇足底墒水，旋耕整地。宜以腐熟有机肥为主，结合施用无机肥。施肥量应按以下要求进行。

（1）以每亩产 150 ～ 200 kg 油菜籽为产量指标，确定肥料用量。

（2）基肥每亩施腐熟厩肥 3 ～ 5 m³，尿素 15 kg，磷酸二铵 13 kg，硫酸钾 22 kg，硼肥 1 kg，或复混肥 50 kg。

（3）追肥每亩施尿素 10 kg，其中结合越冬水每亩追施尿素 6 kg，抽薹期追施尿素 4 kg。

（4）砂土地，适当增加氮肥施肥次数，少量多次。

（三）播　　种

河北省南部适宜播期 9 月中下旬；中部适宜播期 8 月底—9 月中旬。

播前晒种、精选，将种子放在浓度为 8% ～ 10% 的盐水中搅拌 5 min，清除浮在水面的菌核，用 50 ～ 54℃ 的温水浸种 20 min，捞起后闷种 2 h。每千克种子先用 3 ～ 6 g 70% 噻虫嗪可分散粉剂拌种，吸收后再用 20 ～ 30 g 多菌灵粉剂拌种，阴干后播种。

采用 20 cm 等行距开沟行播，播深 3 cm 左右，播后覆土镇压。播种量每亩用种

200～300 g。每亩留苗4万～8万株（土壤肥力低的，留苗6万～8万株；土壤肥力较高的留苗4万～6万株）。

（四）田间管理

（1）预防草害。播种后每亩用50%乙草胺乳油60 mL兑水60 kg喷雾，进行土壤封闭处理。

（2）冬前管理。3～4片叶定苗。缺苗断垄的及时移栽或补种。植株进入枯叶期时，达到冬前壮苗标准平均有10～12片叶，根直径1.5 cm以上。

（3）适时化控。植株3～4片叶期，每亩用15%多效唑可湿性粉剂50 g兑水50 kg喷雾，以提高抗寒力。春季薹高7～10 cm时，每亩用15%多效唑可湿性粉剂30 g兑水50 kg喷雾，促早分枝、有效分枝着生部位降低，增角、增粒，防倒伏。

（4）灌溉。灌溉和防涝方法如下：①冻前水，在土壤上冻前2周浇水，防止冬旱，利于越冬；②浇返青水、开花水、荚果水，显著增加有效角果数和千粒重；③遇涝及时排水。

（5）病虫害防治。白菜型冬油菜的主要病害有：菌核病。主要虫害有：蚜虫、潜叶蝇、黑缝叶甲等。对其他未列出的病虫害的防治同样遵循本标准的措施、原则和要求。国家禁用的农药品种在白菜型冬油菜无公害产品生产中禁止使用，使用其他规定可以限量、限时使用的农药时，应严格遵守《农药合理使用准则》和GB/T 8321的规定。各病虫害的防治方法如下：①菌核病，花期每亩用100 g菌核净兑水50 kg喷雾2次，间隔5～7 d；②蚜虫，每亩用10%吡虫啉20 g，加4.5%高效氯氰菊酯40 mL，兑水30 kg喷雾；③潜叶蝇，于成虫盛发期或幼虫初孵期每亩用25 mL 0.9%阿维菌素乳油兑水30 kg喷雾；④黑缝叶甲，在油菜出土后至越冬前，发现成虫迁入时，每亩喷洒2.5%辛硫磷粉1～1.5 kg；油菜返青前，幼虫始发期，每亩喷洒2%巴丹粉剂1.5～2 kg；荚期发现成虫时，每亩用50 mL 50%辛硫磷乳油或50 mL 0.6%苦参烟碱醇液兑水60 kg喷雾。

（6）适时收获。植株角果2/3现黄时收获，种子充分后熟7 d左右脱粒。

（7）田园清理。生产过程中和采收结束后，及时清理田园。

● 花生生产技术

（一）品种选择

因地制宜，选用中早熟品种。选用冀花4号、冀花5号、冀花6号、冀花7号，或花育19号、花育30号等高产、优质品种。

（二）整　　地

施足基肥，浇足底墒水，深翻整地。耕耙后，覆膜起高垄，垄面宽85～90 cm、垄顶宽约50 cm、高8～10 cm。将垄面搂平，每亩用50%乙草胺乳油60 mL兑水50 kg喷雾。覆膜，膜面平整，四周压实。

（三）施　　肥

宜以腐熟有机肥为主，结合施用无机肥。施肥量按下列要求进行：① 以亩产350～400 kg花生果为产量指标，确定肥料用量；②基肥每亩施腐熟厩肥3～5 m³，尿素15 kg，磷酸二铵13 kg，硫酸钾22 kg，硼肥1 kg，或复混肥50 kg。

（四）播　　种

选用新花生果，播前带皮晒种2～3 d，播种前3～5 d去皮，筛选出一、二级花生米做种。播前用50℃温水浸种20 min，之后常温浸泡2 h，用2.5%咯菌腈悬浮种衣剂200～400 mL兑水1 200 mL拌种。如地下害虫比较严重，每亩可加选30 mL 70%吡虫啉可湿性粉剂。

采用地膜起垄双行种植，行距30 cm，距垄边10～12 cm，播深3～5 cm，每亩10 000～12 000穴，每穴2粒。覆膜前播种的，出苗后及时放苗。

（五）田间管理

（1）灌溉。开花期、饱果成熟期遇旱及时浇水，遇涝及时排水。

（2）适时化控。结荚初期或株高30～35 cm时，每亩用15 mL 25%缩节胺水剂兑水50 kg喷雾。

（3）追肥。后期防早衰，8月中旬结荚后期，每亩叶面喷施1%～2%尿素加0.2%～0.3%磷酸二氢钾水溶液30 kg，连喷2～3次，7～10 d喷施1次。

（4）防治病虫害。严控叶斑病，延长花生饱果时间。发病初期，每亩100 g 50%多菌灵可湿性粉剂兑水30 kg，或100～120 mL 50%甲基托布津兑水30 kg喷雾，间隔10～15 d一次，连喷3次。防治蛴螬，结合浇开花水用50%辛硫磷乳油50～100 g拌毒饵3～4 kg撒播。

（5）适时收获。当60%～65%荚果网纹明显、籽粒饱满、种皮呈现品种固有色泽时收获。

三、适用范围

适用于河北省中部（定州以南）、南部花生种植区。

上茬油葵下茬谷子节水种植模式

一、技术简介

利用油葵耐寒、抗旱、生育期短的特性，3月中旬种植，7月上旬收获，然后播种早熟谷子，10月上中旬收获，实现油、粮双丰收。

二、技术要点

● 油葵栽培技术

（一）选用良种

确定选用丰产性好、出油率高、抗病性强的适宜本地栽培的杂交一代种子，如美国矮大头 GC 678、567 DW、667 DW 等。其中，矮大头 GC 678 春播生育期 84 d 左右，矮大头 567 DW 春播生育期 93 d 左右，矮大头 667 DW 春播生育期 93 d 左右。

（二）选地与整地

1. 选　地

油葵对土壤的要求不高，各种土壤上均可种植，肥力水平中等以上的砂壤土或壤土，有利于油葵的根系发育，为其高产提供良好的养分、水分、空气等条件。故切忌在低洼、易涝地种植。

2. 选　茬

应避免重茬，注意轮作倒茬。连作田病虫害严重，尤其霜霉病、菌核病发生严重，造成植株矮小、花盘小、易早衰、空秕粒多，引发减产或绝收、品质下降。

3. 整　地

精细整地，适当深翻，尽量做到"松、平、齐、碎、净、墒"六字标准。耕翻深度一般为 13～25 cm，在此范围内耕地越深增产越多。根据地力情况，每亩施农家肥 2～3 m³，亩施三元复合肥 50 kg。

（三）播　　种

1．播种时间

油葵耐低温性很强，在保证能出苗情况下尽量早播。地膜覆盖在3月10日左右进行。3月5日以前播种与3月10日播种，幼苗发育没有明显的区别，但3月5日以前播种的后期有早衰现象，也存在播种过早，气温变化无常，若遇长时间低温寡易造成烂籽缺苗，所以应在3月10日左右播种。

2．种植密度

一般采用等行距种植，行距60 cm，或者大小行种植，行距70 cm、40～50 cm，株距30 cm左右。根据土壤情况，地力好的适宜种植密度每亩为3 300～3 700株，地力差的适宜的密度为3 500～4 000株。

3．播种方式

播种方法以点播为好。为节约用种，可采用单双粒隔穴播种。点播用种量为每亩400～500 g，播种宜浅不宜深，一般掌握在3～5 cm，墒情好时播深3 cm，墒情差时播深5 cm。土壤墒情差时可点水播种。

（四）田间管理

1．及时查苗补苗，确保全苗

油葵是双子叶作物，子叶大，出苗比较困难，尤其是整地质量不好、天气干旱少雨时，易造成缺苗。点播时可在行间播种备用苗，缺苗时及时移苗补栽，补苗后立即浇水。

2．间苗与定苗

当油葵第一对真叶展开时进行间苗，第二对真叶或第三对真叶展开时进行定苗。

3．中耕除草培土

油葵生育期内要进行2～3次中耕除草，第一次中耕结合间苗进行，第二次中耕定苗一周后进行，第三次中耕在封垄前进行，并结合中耕进行培土，培土高度10 cm，以促进油葵根深叶茂，防止倒伏。

4．打杈、打叶

有些品种在花盘形成期，中上部的腋芽会长出分枝，虽然也能长出花盘，但通常花盘小，籽粒不饱满，还会影响主茎花盘的发育。要及时摘除分枝，促进主茎花盘的生长。对于有病斑发生的叶片，以及下部的老叶、黄叶要及时摘除，以利于通风透光。

5. 人工授粉

油葵属异花授粉作物，大面积种植一般采用放养蜜蜂授粉。面积小的可采用人工辅助授粉。具体做法为：在开花授粉期，将相邻的一对花盘对在一起轻轻搓一下，每隔 2～3 d 进行 1 次，一般 2～3 次。授粉在 10：00—11：00 效果最好。

（五）肥水管理

油葵对肥料的吸收前期较少，后期较多。春播油葵在施足基肥的情况下，一般不需要追肥。播种时没施基肥的，可在 7～8 对真叶时开沟追施氮钾肥，亩施尿素 8 kg 加氯化钾 15 kg。施肥深度 10 cm 左右。

油葵生长前期需水量小，抗旱能力强，宜进行蹲苗以促进根系生长。地表积水时，应及时排水，防止烂根死亡。在现蕾至开花前，如遇到旱情，应及时浇水。

（六）适时收获

6 月底 7 月初，油葵成熟后要及时收获。收获适宜期为植株茎秆变黄，叶片大部分枯黄、下垂或脱落，花盘背面变成黄褐色，舌状花瓣干枯脱落，果皮变坚硬时。收获后要及时摊开晾干，防止霉变。

（七）病虫害防治

1. 虫　　害

油葵苗期虫害主要是地老虎和象鼻虫。春播油葵棉铃虫发生为害轻，一般不用防治。防治地老虎的方法是撒毒土。防治棉铃虫要以物理防治和生物防治为主，化学防治为辅。物理防治宜采用杀虫灯诱杀害虫。

2. 病　　害

病害重点是菌核病和黑斑病。菌核病又称烂盘病，在幼苗至开花期都能发病。黑斑病在叶、叶柄和茎上形成黑斑。防治方法如下：① 合理轮作，最好与禾本科作物进行 3 年以上轮作倒茬；② 发现病株要及时摘除病叶或拔除病株，运到田外集中销毁；③ 使用杀菌剂。

● 谷子栽培技术

（一）选用良种

选择能化学除草、化学间苗、省工省时，并且米质好、抗病、高产，适宜本地栽培的谷子品种，如冀谷 39、冀谷 41、特早 1 号、张杂谷 8 号等。

（二）整　　地

油葵收获后，及时灭茬整地播种或贴茬播种谷子。如果墒情太小不能保证出苗时，可以浇小水造墒。

（三）播　　种

1．拌　　种

播种前选用对路药剂拌种，重点防治线虫病和白发病，拌种后闷种 4 h 即可播种。

2．播　　期

6 月 15—25 日及时播种谷子，最晚不晚于 7 月 10 日。

3．播　　量

冀谷 39、冀谷 41 亩播量 0.9 ～ 1.1 kg，张杂谷 8 号、特早 1 号亩播量 0.4 ～ 0.5 kg。为保证下籽均匀，播种时，可掺一部分死谷。

4．播种方式

采用等行距播种方式，行距 40 cm。播后及时镇压，让谷粒与土壤充分接触。

（四）田间管理

1．喷施封闭型除草剂

播种后 3 d 内及时喷施谷田封闭型除草剂"谷友"，每亩用量为 120 g 兑水 50 kg，均匀喷洒于地表。

2．补苗移栽

谷子出苗后发现断垄，可用温水浸泡或催芽的种子进行补种。如果谷苗长大仍有缺苗，需要进行移栽，以保证全苗。

3．喷施间苗剂

谷苗 3 ～ 5 叶期（出苗后 10 ～ 15 d），于晴朗无风天气喷施专用配套的间苗剂。间苗剂既可用于间苗，又可防治尖叶杂草和谷莠子，所以垄上垄背都要喷。每亩用量为 100 mL 兑水 30 ～ 40 kg。注意药剂不要飘散到其他作物或其他谷田。冀谷 39、冀谷 41 如果因亩播量少或墒情差等原因导致出苗较少或者出苗不均匀时，苗少的部分则不喷苗剂，进行人工间苗。张杂谷 8 号、特早 1 号无论苗多少都要喷间苗剂。如果播种量过大，喷施间苗剂后苗仍较多，不要再喷第 2 次，而进行人工间苗。冀谷 39、冀谷 41 每亩留苗密度为 3 万～ 4 万株，张杂谷 8 号、特早 1 号亩留苗密度为 2 万～ 2.5 万株。

4．中　　耕

谷子进入拔节期，营养体开始旺盛生长，穗分化即将开始进行。此时要进行中耕，增加土壤的通透性，结合深中耕要进行培土。促进根系生长，提高谷子吸水吸肥能力，提高产量，防止倒伏。

（五）肥水管理

苗期追施氮磷钾复合肥或复混肥 20 ～ 25 kg，抽穗前亩追尿素 10 ～ 15 kg。谷子抗旱力非常强，不需浇水。

（六）适时收获

谷子成熟后，要及时收获，当麸皮变为品种固有的色泽，籽粒变硬，成熟"断青"时，不论茎叶青绿都要收获。

（七）病虫害防治

1. 防治粟灰螟

防治分为 2 次，第 1 次在间苗后，第 2 次在拔节期，顺垄喷施药剂防治。

2. 防治穗瘟病

在谷子抽穗前、抽穗后、灌浆期各防治 1 次。

三、应用效果

与常规种植相比，亩节水 50 ～ 100 m^3，种植收益增加 15% 以上。

四、适用范围

适用于河北低平原区。

设施蔬菜膜下滴灌综合节水技术

一、技术简介

膜下滴灌浇水均匀一致，可控性强，可结合灌溉施肥、施药，适时、适量灌水，也可以根据作物的生长特点自动控制水量，节水增产效果显著。

二、技术要点

技术构成包括适宜蔬菜节水种类选择 + 水源选择与处理 + 首部设备安装 + 施肥装置配套 + 管网布置选择 + 依作物田间铺设 + 节水灌溉制度 + 施肥技术 + 病虫害绿色防控（节药）技术。

（一）水源及灌溉装备配置技术

首部过滤按照水源类型配备过滤装置；管网布置选择依据作物种类，选择滴灌带和滴灌管类型及型号；田间布网依据畦面蔬菜种植种类及定植株行确定滴灌管（带）铺设，保证管（带）距离植株 5 ～ 8 cm，滴头位置据种植株距调整；动力装置以实现 25 000 m^2 水压稳定为合理，并根据灌溉控制面积选择是否配备变频稳压设备，配置阀门、进排气阀、安全阀、流量计、压力表。

（二）施肥装备及施肥技术

根据种植规模选择文丘里施肥器或泵注肥法。施肥系统应配套使用精度 125 μm 以上，尽量使用反冲洗叠片式过滤器，否则应定期对过滤器滤盘进行清洗，保持过滤器前后压力相差在 10 ～ 60 kPa，保持水流畅通，并经常监测水泵运行情况。根据蔬菜生长特性、生育期、土壤肥力状况、气候条件及目标产量确定总施肥量、养分配比、基肥与追肥比例，确定基肥种类和用量以及各生育期追肥种类、用量、追肥时间和追肥次数等；所有追肥肥料都要完全溶解，清除杂质，配制出无杂质、无悬浮物的肥料溶液作母液。追肥时先用清水滴灌 20 min 以上，黏重土壤应延长至 30 min，使肥料母液以一定比例与灌溉水混合后施入田间。施肥结束后再滴灌清水 20 min，冲洗管道和滴头。

（三）节水灌溉技术要点

每次亩灌水定额控制在 $5 \sim 10 \ m^3$，依据生育期前少后多实施。灌水湿润层瓜类（黄瓜、西瓜、甜瓜）$0 \sim 30 \ cm$、茄果类（番茄、青椒、尖椒、茄子）$0 \sim 40 \ cm$，叶菜类 $0 \sim 40 \ cm$；灌溉周期依作物时期而定。

三、应用效果

亩增产 $10\% \sim 15\%$，灌溉水用量减少 20% 左右，肥料利用效率提高 25% 左右，减少发病率 30% 左右。

四、适用范围

适宜设施蔬菜生产区。

设施果蔬垄作覆膜水肥一体化滴灌技术

一、技术简介

设施果蔬垄作覆膜水肥一体化滴灌技术是起垄、覆膜与水肥一体化滴灌技术的集成，在整合常规微灌技术的同时，应用设施果蔬起垄覆膜定植、滴灌管带铺设、滴灌施肥设备、滴灌灌溉制度4项关键技术。

二、技术要点

（一）起垄覆膜定植技术

采用垄作覆膜滴灌技术，加大垄肩宽度，减少垄沟（畦田）宽度，种植作物在垄肩上单垄双行插花定植，地膜覆盖到滴灌管带及整个垄肩，保水保肥，减少水肥在畦田的渗漏和蒸挥发。

（二）滴灌管带铺设技术

首部必须安装进排气阀防止滴灌毛管吸泥堵塞，滴头朝上铺设滴灌管带，用土尽量压紧地膜避免日光灼伤滴灌管带或使用黑色地膜。灌溉季节过后，把管带顺直吊绑在设施棚室工作道的屋脊上，或者卷成圆盘归置到田边或室内集中放置；当碰到作物轮作倒茬时，可以更换微灌支管，或者在微灌支管上根据新的倒茬模式重新打孔安装管带，用旁堵堵住原有的旧孔。

（三）水肥一体化施肥设备

采用充电式"泵注肥法"方式进行均匀施肥，本设备授权保护的实用新型专利有"一种用于灌溉系统的电动施肥泵"。此设备可使用常规电动喷雾器替代，农户只需把喷药的喷头摘取下来，与原来微灌首部的文丘里施肥器的小管或压差施肥阀的进出水管连接，即可形成简单便捷的充电式泵注肥法施肥设备。

（四）微灌灌溉制度

番茄定植后灌1次缓苗水，开花期灌水周期7 d左右，每亩灌水定额 $6 \sim 7 \mathrm{~m}^3$，果实膨大期灌水周期 $4 \sim 7 \mathrm{~d}$，每亩灌水定额 $10 \sim 15 \mathrm{~m}^3$，全生育期滴灌定额 $140 \mathrm{~m}^3$ 左右。黄瓜灌溉周期，苗期为 $15 \mathrm{~d}$ 左右，第一个瓜坐果以后 $7 \mathrm{~d}$ 左右，盛果期 $3 \mathrm{~d}$ 左

右，每亩灌水定额 13 ～ 15 m³，全生育期滴灌定额 180 ～ 220 m³。有条件的地区，也可以根据室内冠层蒸发皿的 1.0 ～ 1.2 倍蒸发量指导灌溉。

三、应用效果

采用本项技术，设施番茄和黄瓜全生育期均每亩可减少灌水量 80 m³ 左右，节省施肥量 30% 左右。本项工程技术每亩一次性投资约 1 500 元，折旧费 270 元 / 年，节电、省工和增产提质增效每亩 3 300 元 / 年左右，每亩纯效益增加 3 000 元 / 年左右。

四、适用范围

适用于设施条播果蔬产区，适合任何土壤质地。

蔬菜"一膜两网一板"覆盖减蒸减病节水技术

一、技术要点

整地起小垄高 15～20 cm，垄沟垄背全覆膜，蔬菜定植于垄背上。依据晴天、高温及蔬菜生育期需求搭建遮阴网和防虫网，实现减蒸降温防飞虫综合效果，依蔬菜生长高度上方悬挂黄板，防治白粉虱等飞虫的传播。灌溉采用膜下沟灌，每次每亩灌水量为 15～17 m³。

二、应用效果

减少灌溉用水 30%；病虫害防控实用性高，一网多效。

三、适用范围

适用于露地蔬菜。

蔬菜膜下沟灌减蒸节水技术

一、技术要点

按照满足每次亩灌水 15 ～ 20 m³ 设计垄沟垄背规格，覆膜时在畦上覆盖 0.008 mm 地膜（或全覆盖方式大小行均覆盖），膜下架设支架形成小拱，与土壤沟共同形成封闭的灌水沟，使灌溉位点在封闭的灌水沟下，畦垄两边地膜用土压实。

二、应用效果

减少蒸发，控制渗漏，比畦灌减少 30% 左右的灌水量。

三、适用范围

适用于设施蔬菜和露地蔬菜示范区。

设施黄瓜滴灌水肥一体化技术

一、技术简介

滴灌施肥是在有压水源下借助施肥装置和滴灌系统，将水肥混合液通过滴头以点滴的形式施入作物根层土壤的一种灌溉施肥技术，使水和肥在土壤中以优化的组合状态供应给作物吸收利用。与传统灌溉和施肥相比，滴灌施肥具有节水、节肥、省工、高效、优质、环保等诸多优点，一般可节水 50% 左右，节肥 30% 左右；降低空气湿度，减少作物病害；减少灌溉水的深层渗漏和地下水污染；有利于保持良好的土壤结构，减轻土壤退化；滴灌施肥的同时可以进行其他农事操作，节省人工；有利于提高作物产量和品质。

二、技术要点

（一）系统组成

滴灌施肥的首部枢纽由水泵、动力机、变频设备、施肥设备、过滤设备、进排气阀、流量及压力测量仪表等组成。

（二）操作要点

黄瓜采用滴灌施肥时一般起小高畦，畦上双行种植，每行铺设 1 条滴灌管（带），滴头朝上，滴头间距一般 30 cm。如果用旧滴灌管（带）一定要检查其漏水和堵塞情况。施肥装置一般为压差式施肥罐或文丘里施肥器，施肥罐容积根据灌溉施肥面积确定，一般不低于 15 L（施肥罐最好采用深颜色的筒体，以免紫外线照射产生藻类堵塞滴灌系统）。

灌溉操作。灌溉时应关闭施肥罐（器）上的阀门，把滴灌系统支管的控制阀完全打开，灌溉结束时先切断动力，然后立即关闭控制阀。滴灌湿润深度一般为 30 cm。滴灌的原则是少量多次，不要以延长滴灌的时间达到多灌水的目的。

施肥操作。按照加肥方案要求，先将肥料溶解于水，也可在施肥前一天将肥料溶于水中。施肥时用纱（网）过滤后将肥液倒入压差式施肥罐，或倒入敞开的容器中用文丘里施肥器吸入。

压差式施肥罐操作。施肥罐与主管上的调压阀并联，施肥罐的进水管要达罐底。施肥前先灌水 20 ～ 30 min，施肥时，拧紧罐盖，打开罐的进水阀，罐注满水后再打开罐的出水阀，调节主管调压阀以调节施肥速度。

文丘里施肥法。文丘里施肥器与主管上的阀门并联，将事先溶解好并混匀的肥液倒入一敞开的容器中，将文丘里施肥器的吸头放入肥液中，吸头上应有过滤网，吸头不要放在容器的底部。打开吸管上阀门并调节主管上的阀门，使吸管能够均匀稳定地吸取肥液。

注意事项。每次加肥时须控制好肥液浓度，一般在 1 m³ 水中加入 0.5 kg 肥料纯养分，肥料用量不宜过大，防止浪费和系统堵塞。每次施肥结束后再灌溉 20 ～ 30 min，以冲洗管道。

（三）系统维护

滴灌施肥系统运行开始，要做到每次灌溉结束后及时清洗过滤器，以备下次灌溉时使用，施肥罐底部的残渣要经常清理。在灌溉季节，定期将每条滴灌管的尾部敞开，相应地加大管道内的水压，将滴灌管内的污物冲出。尽量避免在生长期用酸性物质冲洗，以防滴头附近的土壤 pH 发生剧烈的变化。如有必要用酸清洗，要选择在农闲时进行，应用 30% 的稀盐酸溶液（40 ～ 50 L）注入滴灌管，保留 20 min，然后用清水冲洗。

（四）滴灌肥料选择

滴灌肥料应该在常温下具有以下特点：全水溶性、全营养性、各元素之间不会发生拮抗反应、与其他肥料混合不产生沉淀；不会引起灌溉水 pH 的剧烈变化；对灌溉系统的腐蚀性较小。

常用肥料：水溶性好的固体肥或高浓度的液体肥，如尿素、磷酸二氢钾、硝酸钾、硝酸铵、氯化钾等，或者滴灌专用肥料。根据不同作物、不同生育时期选用推荐配方肥。

（五）滴灌施肥制度及其他农事操作

日光温室冬春茬黄瓜一般 12 月底—1 月上旬育苗，2 月初—2 月下旬定植，大棚春茬黄瓜育苗和定植期要推迟 1.5 个月左右。日光温室秋茬黄瓜一般 8 月初左右定植，也可采用直播。大棚秋茬黄瓜定植日期提前 1 个月左右。

定植前将土地深翻整平，每亩底施精制有机肥 2 500 ～ 3 000 kg，N、P、K 三元素复合肥 75 kg，集中施入栽培床上，浅翻与土混匀。做小高畦，畦面宽 60 cm，高

15 cm，每畦栽 2 行，行距 50 cm，株距 25 cm 左右，过道宽 90 cm。每行铺滴灌管 1 条。如铺地膜，最好用黑膜以防草。

冬春茬（春茬）黄瓜定植时每亩滴灌 10～12 m³，秋冬茬（秋茬）定植时每亩灌水 12～15 m³，缓苗后开始滴灌施肥，每 5～10 d 1 次，每次每亩灌水 5～8 m³，每次每亩施用 3～5 kg 滴灌专用肥（$N : P_2O_5 : K_2O = 26 : 12 : 12$）；根瓜座住后每 5～7 d 每亩滴灌 5～8 m³，追滴灌专用肥 5～8 kg（$N : P_2O_5 : K_2O = 20 : 20 : 20$），盛瓜期每采一次瓜都要滴灌施肥 1 次，亩灌水 6～10 m³，施滴灌专用肥 6～10 kg（$N : P_2O_5 : K_2O = 19 : 8 : 27$），结瓜末期灌溉施肥量逐渐降低。春季随着气温的升高和蒸发量的增加，灌溉间隔时间要逐渐缩短，秋季则相反。

三、应用效果

采用滴灌施肥技术，比常规沟灌施肥节水 45%、节肥 30%、增产 15%、单方水产出提高 32% 以上。

四、适用范围

适用于灌溉条件较好（机井有过滤和变频装置）的蔬菜种植地区。

露地甘蓝节水灌溉技术

一、技术简介

甘蓝作为露地蔬菜中主要种植种类，其种植面积在逐年攀升，但甘蓝用水浪费现象很普遍，生产上用水量是科学用水量的 2～3 倍；甘蓝的根系分布较浅，且叶片大，蒸发量多，因此甘蓝生长所需要的水量较大，节水栽培对其意义重大。

二、技术要点

（一）定植前准备

1. 整地、做畦

施足基肥，基肥品种以优质有机肥、常用化肥、复混肥等为主。在中等肥力条件下，结合整地每亩施优质有机肥（以优质腐熟猪厩肥为例）3 000～4 000 kg。深翻整地施肥后，两种节水灌溉方式均采取高畦栽培，畦高 10～15 cm，种植行距、畦宽、畦沟宽参考品种特性密度要求。

2. 铺管、覆膜

采用滴灌方式，滴灌田间支管铺于作物根部，铺管后畦上覆膜。采用膜孔灌溉方式，畦上与垄沟全部覆膜，覆膜后再用竹竿分别在垄沟和垄背扎孔，打孔行间行内孔距均为 10～15 cm。

3. 育　苗

选用抗病、高产、优质、商品性好的品种，种子质量符合《瓜菜作物种子　第 4 部分：甘蓝类》（GB 16715.4）的要求；育苗采取营养钵或穴盘育苗。定植苗龄参照《无公害结球甘蓝生产技术规程》（DB13/T 466）执行。

（二）水肥管理关键技术

1. 定　植

定植采取挖穴栽苗，定植后，充足灌溉。滴灌方式每亩用水量 15 m³；膜孔灌溉方式每亩用水量 18 m³。

2. 缓苗期

定植后 4 ～ 5 d 开始浇缓苗水。滴灌方式每亩用水量 8 ～ 10 m³；膜孔灌溉方式每亩用水量 10 ～ 12 m³。定植后 15 d 左右，进行第 1 次灌溉施肥，滴灌方式每亩用水量 10 ～ 12 m³；膜孔灌溉方式每亩用水量 15 m³，随水冲施氮肥 2 ～ 4 kg。

3. 莲座期

莲座期须保持植株生长健壮而不旺长，可控制浇水，实行蹲苗，一般蹲苗期 10 ～ 15 d，当叶片明显挂上蜡粉，新叶开始抱合时，立即结束蹲苗，促进结球进行浇水施肥。滴灌方式每亩用水量 12 m³；膜孔灌溉方式每亩用水量 15 m³，随水冲施氮肥 2 ～ 4 kg。在进入结球阶段以前，保持土壤相对含水量在 81% ～ 85%，视土壤水分状况，旱要及时浇水，涝要及时排水，滴灌方式每亩灌水量 10 ～ 12 m³；膜孔灌溉方式每亩灌水量 12 ～ 15 m³。该期秋茬一般浇灌 2 ～ 3 次；早春茬灌水次数为 1 ～ 2 次。

4. 结球期

进入结球期植株需要养分、水分量最大，此期的肥水条件是能否获得高产的关键，滴灌方式每亩灌水量 12 m³，膜孔灌溉方式每亩灌水量 15 m³。保持土壤相对含水量在 75% ～ 80%，视土壤水分状况，及时浇水或排水。结球前期和中期分别随灌溉各追肥 1 次，每亩随水冲施氮肥 3 ～ 5 kg，叶球紧实后，收获前 7 ～ 10 d，停止灌溉，防叶球旺长开裂。该期秋茬生长期一般浇灌 3 ～ 4 次；早春茬灌水次数为 2 ～ 3 次。

5. 采　收

待叶球充分紧实时，进行分批采收。

6. 注意事项

叶球紧实后，收获前 7 ～ 10 d，停止灌溉，防叶球旺长开裂。

三、应用效果

该技术节水 22% ～ 50%，增产 12%，提高水分利用效率 44%。

四、适用范围

适用于河北省平原露地栽培区。

日光温室辣椒节水灌溉技术

一、技术简介

辣椒是一类对水分较为敏感的作物，科学细致的水分管理是其早熟丰产的关键技术之一，其生长力强，节间短，适宜日光温室种植。日光温室辣椒节水灌溉技术根据辣椒生长发育的需水规律、种植制度和种植方式，在不同生产季节和各个生长期，采用科学的灌溉方式和灌溉制度，达到节水效果，同时满足辣椒产品的优质高产、节本增效。

二、技术要点

（一）冬春茬

1.定 植

12月定植，翌年7月拉秧，历时200 d左右。

2.节水灌溉技术

该茬辣椒前期（定植—结果初期）气候温度低且辣椒处于生育前期，主要以保持温室温度促进辣椒生长为重点，需水较少，适当降低灌水量和灌溉频率；中期（结果初期—结果盛期）气温逐渐升高，辣椒处于生殖生长和营养生长并进时期，需水量加大，应提高灌溉频率；中后期（结果盛期—结果后期）气温升高并且辣椒处于生殖生长期，是辣椒全年需水量最大的时期，要及时进行灌溉，灌溉周期缩短，防止出现缺水现象；后期（结果后期）气温达到最高，棚室放风频繁，气候耗水量加大，但辣椒自身耗水量变小，要保持土壤水分不宜太亏缺。灌溉管理按照表1实施。

表 1　冬春茬辣椒节水灌溉制度

生育时期	节水灌溉技术			生长日数（d）
	灌溉方式	灌水定额（m³/亩）	灌水次数（次）	
定植期	膜下沟灌	16	1	
	膜下滴灌	12	1	
	膜下微灌	14	1	

（续表）

生育时期	节水灌溉技术			生长日数（d）
	灌溉方式	灌水定额（m³/亩）	灌水次数（次）	
定植期—结果初期	膜下沟灌	12	1～2	40左右
	膜下滴灌	8	1～2	
	膜下微灌	10	1～2	
结果初期—结果盛期	膜下沟灌	10～12	2～3	20左右
	膜下滴灌	6～8	2～3	
	膜下微灌	8～10	2～3	
结果盛期—结果后期	膜下沟灌	12	17～18	90～100
	膜下滴灌	8	17～18	
	膜下微灌	12	17～18	
结果后期	膜下沟灌	12	2～3	20左右
	膜下滴灌	8	2～3	
	膜下微灌	12	2～3	

（二）秋冬茬

1. 定　植

秋冬茬辣椒一般8月定植，翌年1月拉秧，历时120 d左右。

2. 节水灌溉技术

该茬辣椒定植期气温高注意浇足定植水，防止高温干旱缺水。前期（定植—结果初期）气候温度高耗水多，但辣椒处于生育前期相对耗水较少，该期主要以调节温室和土壤温度，保障辣椒苗期健壮生长为重点，适当增加灌水量和缩短灌溉频率。中期（结果初期—结果盛期）气温逐渐降低，但辣椒处于生殖生长和营养生长并进时期，辣椒自身需水量加大，应提高灌溉频率。中后期（结果盛期—结果后期）气温继续降低，但辣椒处于生殖生长期，是辣椒全年需水量最大的时期，要适当减少每次灌水量，灌溉周期缩短，防止大水灌溉导致温室温度过低而影响辣椒生长发育。后期（结果后期）气温降至全生育期最低，棚室放风频率减少，且辣椒自身耗水量也变小，要保持土壤水分不太亏缺即可。灌溉管理按照表2实施。

表2　秋冬茬辣椒节水灌溉制度

生育时期	节水灌溉技术			生长日数（d）
	灌溉方式	灌水定额（m³/亩）	灌水次数（次）	
定植期	膜下沟灌	18～20	1	
	膜下滴灌	12～16	1	
	膜下微灌	16～18	1	
定植期—结果初期	膜下沟灌	12～14	2	约20
	膜下滴灌	8～10	2	
	膜下微灌	10～12	2	
结果初期—结果盛期	膜下沟灌	10～12	1	约10
	膜下滴灌	6～8	1	
	膜下微灌	8～10	1	
结果盛期—结果后期	膜下沟灌	10～12	5～7	50～60
	膜下滴灌	7～8	5～7	
	膜下微灌	8～10	5～7	
结果后期—拉秧	膜下沟灌	10～12	1～2	约20
	膜下滴灌	6～8	1～2	
	膜下微灌	8～10	1～2	

（三）早春茬

1. 定　植

早春茬辣椒一般4月定植，当年7月拉秧，历时120 d左右。

2. 节水灌溉技术

该茬辣椒定植期气温低注意适当控制灌水量，防止低温弱苗引发病害。前期（定植—结果初期）气候温度变高，但辣椒处于生育前期相对耗水较少，该期主要以提高温室和土壤温度，保障辣椒苗期健壮生长为重点，适当降低灌水量和灌溉频率。中期（结果初期—结果盛期）气温逐渐升高，且辣椒处于生殖生长和营养生长并进时期，辣椒自身需水量加大，应提高灌溉频率。中后期（结果盛期—结果后期）气温继续升高，且辣椒处于生殖生长期，是辣椒全年需水量最大的时期，要适当增加灌水量和缩短灌溉周期，防止温室温度过高而影响辣椒生长发育。后期（结果后期）气温升至全生育期最高，棚室放风频率增加，但辣椒自身耗水量相对变小，要保持土壤水分不太亏缺即可。灌溉管理按照表3实施。

表3　早春茬辣椒节水灌溉制度

生育时期	节水灌溉技术			生长日数（d）
	灌溉方式	灌水量（m³/亩）	灌水次数（次）	
定植期	膜下沟灌	14～16	1	
	膜下滴灌	8～10	1	
	膜下微灌	10～12	1	
定植期—结果初期	膜下沟灌	12～14	1～2	约30
	膜下滴灌	8～10	1～2	
	膜下微灌	10～12	1～2	
结果初期—结果盛期	膜下沟灌	10～12	1～2	约20
	膜下滴灌	6～8	1～2	
	膜下微灌	8～10	1～2	
结果盛期—结果后期	膜下沟灌	10～12	5～7	50～60
	膜下滴灌	7～8	5～7	
	膜下微灌	8～10	5～7	
结果后期—拉秧	膜下沟灌	10～12	2～3	约20
	膜下滴灌	6～8	2～3	
	膜下微灌	8～10	2～3	

三、应用效果

该技术节水24%，增产23%，提高水分利用效率62%。

四、适用范围

适用于河北平原温室栽培区。

日光温室甜椒节水灌溉技术

一、技术简介

日光温室甜椒节水灌溉技术根据甜椒种植制度，种植方式和生长发育的需水规律，在不同生产季节和各个生长期，采用科学的灌溉方式和灌溉制度，达到节水效果，同时满足辣椒产品的优质高产。

二、技术要点

（一）春　　茬

1. 定植水

定植后应及时充足浇水。膜下滴灌每亩用水量 10 m^3；膜下微灌每亩用水量 12 m^3；膜下沟灌灌水量掌握在灌到沟深一半，不应让水漫至畦面上，每亩用水量 14 m^3。

2. 缓苗至结果期

定植 7 d 后可浇缓苗水，以后进入中耕蹲苗期。甜椒开花期不进行灌溉以防落花，若土壤干旱，可在甜椒开花前 2～3 d 灌 "催花水"。待水渗下后，结合松土深锄畦沟并向每行苗根际部进行第一次培土。但浇缓苗水及催花水尽量小，该阶段一般灌溉周期为 20～25 d。膜下滴灌每亩用水量 8 m^3；膜下微灌每亩用水量 10 m^3；膜下沟灌每亩用水量 12 m^3。

3. 结果前期

当门椒有核桃大小时结束蹲苗，开始浇水，至对椒采收，浇水 2～3 次，灌溉周期一般为 8～10 d；膜下滴灌每亩用水量 8 m^3；膜下微灌每亩用水量 10 m^3；膜下沟灌每亩用水量 12 m^3。

4. 结果盛期

结果盛期根据情况，以土壤保持半干半湿为要求，一般浇水 5～7 次，灌溉周期为 5～7 d。膜下滴灌每亩用水量 8～10 m^3；膜下微灌每亩用水量 10～12 m^3；膜下沟灌每亩用水量 12～14 m^3。

5. 结果末期

结果末期一般浇水 2～3 次，灌溉周期 5～6 d。膜下滴灌每亩用水量 12 m^3；膜下微灌每亩用水量 14 m^3；膜下沟灌每亩用水量 16 m^3。

6. 追施肥料

门椒坐稳后，结合浇水每亩追施氮肥（N）3 kg（折尿素 6.5 kg），钾肥（K_2O）2～3 kg（折硫酸钾 4～6 kg）；第一次采收后结合浇水，隔一次清水，追施一次追施氮肥，每次每亩追施氮肥（N）4 kg（折尿素 8.7 kg）。

在土壤缺乏微量元素情况下，现蕾至结果期喷施相应的微量元素肥料。

7. 植株调整、采收、病虫害防治

植株调整、采收、病虫害防治按《无公害甜椒生产技术规程》（DB13/T 462）的要求执行。病虫害防治如疫病、炭疽病、病毒病、灰霉病、蚜虫、白粉虱等的用药原则符合（DB13/T 453）的要求。

（二）秋冬茬

1. 定植水

定植后，浇水要充足。膜下滴灌每亩用水量 14～16 m^3；膜下微灌每亩用水量 16 m^3；膜下沟灌每亩用水量 16～18 m^3。

2. 缓苗至结果期

定植后 7～10 d 浇缓苗水，至结果期，膜下滴灌浇水 2 次。灌溉周期为 25～28 d。膜下滴灌每亩用水量 8～10 m^3；膜下微灌每亩用水量 10～12 m^3；膜下沟灌每亩用水量 12～14 m^3。

3. 结果前期

当门椒有核桃大小时，开始浇水，至对椒采收，灌溉周期为 7～8 d，共浇水 3 次。膜下滴灌每亩用水量 8～10 m^3；膜下微灌每亩用水量 10～12 m^3；膜下沟灌每亩用水量 12～14 m^3。

4. 结果盛期

结果盛期根据情况，以土壤保持半干半湿为要求，共浇水 3 次，灌溉周期为 8～10 d。膜下滴灌每亩用水量 10～12 m^3；膜下微灌每亩用水量 12～14 m^3；膜下沟灌每亩用水量 14 m^3。

5. 结果末期

每 7 d 灌溉一次，一般浇水 1～2 次。膜下滴灌每亩用水量 12 m^3；膜下微灌每亩用水量 12 ～ 14 m^3；膜下沟灌每亩用水量 14 m^3。

6. 追肥肥料

门椒坐稳后，结合浇水每亩追施氮肥（N）3 kg（折尿素 6.5 kg），钾肥（K$_2$O）2 ～ 3 kg（折硫酸钾 4 ～ 6 kg）；第一次采收后结合浇水，隔一次清水，追施一次追施氮肥，每次每亩追施氮肥（N）4 kg（折尿素 8.7 kg）。

在土壤缺乏微量元素情况下，现蕾至结果期喷施相应的微量元素肥料。

7. 植株调整、采收、病虫害防治

植株调整、采收、病虫害防治按《无公害甜椒生产技术规程》（DB13/T 462—2001）的要求执行。病虫害防治如疫病、炭疽病、病毒病、灰霉病、蚜虫、白粉虱等的用药原则符合（DB13/T 453）的要求。

（三）注意事项

灌溉水质应满足 pH 为 5.5 ～ 8.0、总含盐量 < 2 000 mg/L、含铁量 < 0.4 mg/L、总硫化物含量 < 0.2 mg/L 的要求。水质不符合要求时应进行过滤、净化处理。

对日光温室的冬季灌溉，灌溉水温不低于温室地温，避免水温低而影响作物根系生长。

三、应用效果

该技术节水 15%，增产 55%，提高水分利用效率 65%。

四、适用范围

适用于山前平原、低平原资源性缺水区。

日光温室黄瓜节水灌溉技术

一、技术简介

黄瓜为高产作物，生长期需用水量大，科学的水分管理是黄瓜生产中的重要一环；化学肥料的滥用导致土壤板结、肥料利用率低下、生产成本增大及果实品质下降等问题已成为制约黄瓜生产效益的突出问题；我国黄瓜生产中设施栽培所占比重较大，黄瓜病虫害发生严重，长期以来病虫害的控制主要依赖喷施杀菌剂和杀虫剂，用药次数多，用药量大，食用安全堪忧，降低农药残留量、提高黄瓜的食用安全性已成为生产中最重要的一个方面。因此，黄瓜产业发展应以"节水，节肥，减轻病虫害"为中心，向高产、高效、高品质方向发展。

二、技术要点

（一）冬春茬

1. 整地、做畦

深翻整地施肥后，3 种节水灌溉方式均采取小高畦起垄，畦高 10～15 cm，大小行栽培。大行距 80 cm，小行距 50 cm。

2. 定　植

定植苗龄 3～4 叶，定植密度每亩为 2 500～2 800 株。

3. 水肥管理关键技术

（1）定植至缓苗。定植后应及时充足浇水 1 次。每亩用水量：膜下滴灌 10 m^3、膜下微灌 12 m^3、膜下沟灌 14 m^3。

（2）缓苗至结瓜期。缓苗期一般不浇水，缓苗后 3 d 开始浇水。每隔 7 d 1 次，该期一般 40 d 左右，至根瓜采收即进入结瓜期，一般灌溉 3 次。亩用水量：膜下滴灌 7 m^3、膜下微灌 10 m^3、膜下沟灌 12 m^3。

（3）结瓜前期。该时期以平衡植株营养生长和生殖生长为主，每隔 7～8 d 浇水 1 次，该时期一般为 30 d 左右，共浇水 4～5 次。亩用水量：膜下滴灌 8 m^3、膜下微灌 10 m^3、膜下沟灌 12 m^3。

（4）结瓜盛期。该时期每采收 2 次，及时浇水 1 次，共浇水 10～12 次。亩用水量：膜下滴灌 8～10 m³、膜下微灌 10～12 m³、膜下沟灌 12～14 m³。

（5）结果末期。该时期一般浇水 5 次，灌溉周期为 3～4 d。膜下滴灌每亩用水量 8 m³、膜下微灌每亩用水量 12 m³、膜下沟灌每亩用水量 12 m³。

（6）追施肥料。采摘根瓜后随水追施 1 次，结瓜盛期每采收 2～3 次随水追施 1 次。结合浇水每亩追施尿素 3～5 kg，硫酸钾 5～7 kg，结瓜盛期可增加叶面肥 2～3 次。

（二）秋冬茬

1. 整地、做畦

深翻整地施肥后，3 种节水灌溉方式均采取小高畦起垄，畦高 10～15 cm，大小行栽培。大行距 80 cm，小行距 50 cm。

2. 定　　植

定植苗龄 3～4 叶，定植密度每亩为 2 500～2 800 株。

3. 水肥管理关键技术

（1）定植至缓苗。定植后应及时充足浇水 1 次。每亩用水量：膜下滴灌 12 m³、膜下微灌 14 m³、膜下沟灌 16 m³。

（2）缓苗至结瓜期。缓苗期一般不浇水，缓苗后 3 d，开始浇水。每隔 8～9 d 灌溉 1 次，该时期一般为 35 d 左右，至根瓜采收即进入结瓜期，一般灌溉 3 次。亩用水量：膜下滴灌 10 m³、膜下微灌 12 m³、膜下沟灌 14 m³。

（3）结瓜前期。该时期以平衡植株营养生长和生殖生长为主，每隔 6～7 d 浇水 1 次，该时期一般为 25 d 左右，共浇水 3～4 次。亩用水量：膜下滴灌 8 m³、膜下微灌 10 m³、膜下沟灌 12 m³。

（4）结瓜盛期。该时期每采收 2 次，及时浇水 1 次，该生长期一般为 40 d，共浇水 8～10 次。亩用水量：膜下滴灌 8～10 m³、膜下微灌 10～12 m³、膜下沟灌 12～14 m³。

（5）结果末期。该时期一般浇水 3 次，灌溉周期为 7 d。膜下滴灌每亩用水量 10～12 m³、膜下微灌每亩用水量 12～14 m³、膜下沟灌每亩用水量 14～16 m³。

（6）追施肥料。采摘根瓜后随水追施 1 次，结瓜盛期每采收 2～3 次随水追施 1 次。结合浇水每亩追施尿素 3～5 kg，硫酸钾 5～7 kg，结瓜盛期可增加叶面肥 2～3 次。

（三）越冬茬

1. 整地、做畦

深翻整地施肥后，3 种节水灌溉方式均采取小高畦起垄，畦高 10～15 cm，大小行栽培。大行距 80 cm，小行距 50 cm。

2. 定　植

定植苗龄 3～4 叶，定植密度每亩为 2 500 株。

3. 水肥管理关键技术

（1）定植至缓苗。定植后应及时充足浇水 1 次。每亩用水量：膜下滴灌 12 m³、膜下微灌 14 m³、膜下沟灌 16 m³。

（2）缓苗至结瓜期。定植后 7～10 d 开始浇水，每隔 7 d 灌溉 1 次，该时期一般为 50 d 左右，至根瓜采收一般灌溉 3 次。亩用水量：膜下滴灌 8～10 m³、膜下微灌 10～12 m³、膜下沟灌 12～14 m³。

（3）结瓜前期。根瓜采收后进入结瓜前期，该期以平衡植株营养生长和生殖生长为主，及时增加覆盖物，防寒保温；该期一般为 50 d 左右，共浇水 6 次，前 30 d 每隔 5～6 d 浇水 1 次，共灌溉 4～5 次，后 20 d 浇水 3～4 次。亩用水量：膜下滴灌 8 m³、膜下微灌 10 m³、膜下沟灌 12 m³。

（4）结瓜盛期。该时期每采收 2 次，及时浇水 1 次，该生长期一般为 40 d，共浇水 8～10 次。亩用水量：膜下滴灌 8～10 m³、膜下微灌 10～12 m³、膜下沟灌 12～14 m³。

（5）结果末期。该时期植株老化，生长衰减，但随着气温升高，防风加大，地表蒸腾量也大，每 4～5 d 浇水 1 次，该期一般为 30 d，共灌溉 5～6 次。膜下滴灌每亩用水量 10～12 m³、膜下微灌每亩用水量 12～14 m³、膜下沟灌每亩用水量 14～16 m³。

追施肥料：采摘根瓜后随水追施 1 次，结瓜盛期每采收 2～3 次随水追施 1 次。结合浇水每亩追施尿素 3～5 kg，硫酸钾 5～7 kg，结瓜盛期可增加叶面肥 2～3 次。

三、应用效果

该技术节水 25%，增产 43%，提高水分利用效率 51%。

四、适用范围

适用于山前平原、低平原资源性缺水区应用。

日光温室番茄节水灌溉技术

一、技术简介

设施番茄是设施蔬菜生产品种中总产量最多的种类，设施番茄产量比重已经超过50%，达到62.7%，位居全省设施蔬菜品种产量第1位。随着番茄产业的发展，设施番茄种植面积不断扩大，种植年限不断增加，菜农为了追求高产，水肥不合理施用，导致水肥严重浪费，利用率低，不仅影响番茄的产量和果实品质，还导致了土壤养分失衡、土壤养分过量积累、产生了土壤盐渍化、酸化、板结，地下水污染等现象，严重危害生态环境，增加了生产成本。本技术针对这些问题，根据番茄种植制度，种植方式和生长发育的需水规律，同时减少蒸发，控制渗漏，制定节水制度，从而达到节水效果。

二、技术要点

（一）冬春茬

1. 整地、做畦

施足基肥、深翻整地，起高畦，畦高10～15 cm，大小行栽培。大行距80 cm，小行距40 cm。

2. 定　植

定植苗龄7～8叶，定植密度每亩为2 500～2 700株。

3. 灌水管理关键技术

（1）定植至缓苗。定植后应及时充足浇水1次。每亩用水量：膜下滴灌12 m³、膜下微灌14 m³、膜下沟灌16 m³。

（2）缓苗至开花期。定植后10 d浇缓苗水至结果期，灌溉周期为23～25 d，该时期一般为60 d左右，一般灌溉2次。亩用水量：膜下滴灌8～10 m³、膜下微灌10～12 m³、膜下沟灌12～14 m³。

（3）结果前期。当第一穗果有核桃大小时开始浇水，至第三穗果，每隔8～10 d浇水1次，该期一般为30 d左右，共浇水3次。亩用水量：膜下滴灌8 m³、膜下微

灌 $10 m^3$、膜下沟灌 $14 m^3$。

（4）结果盛期。该时期一般从第三穗果膨大到采收结束前 20 d 左右。根据情况，保持土壤半干半湿，灌溉周期为 6～7 d。亩用水量：膜下滴灌 $10 m^3$、膜下微灌 $12 m^3$、膜下沟灌 $14 m^3$。

（5）结果末期。该阶段一般浇水 3 次，灌溉周期为 5～6 d。膜下滴灌每亩用水量 $12 m^3$、膜下微灌每亩用水量 $14 m^3$、膜下沟灌每亩用水量 $16 m^3$。

4. 施肥管理关键技术

缓苗后第一次追肥，结合浇水每亩追施尿素 5～6 kg；第一穗果有核桃大小时，每亩追施尿素 5～6 kg、硫酸钾 9 kg。第二穗果、第三穗果膨大期，每亩追施尿素 4 kg，3～5 次；结果盛期可增加叶面喷肥 0.3%～0.5% 的尿素或者 0.2%～0.5% 的磷酸二氢钾。

（二）秋冬茬

1. 整地、做畦

施足基肥、深翻整地，起高畦，畦高 10～15 cm，大小行栽培。大行距 80 cm，小行距 40 cm。

2. 定　　植

定植苗龄 5～6 叶，定植密度每亩为 2 000～2 200 株。

3. 灌水管理关键技术

（1）定植至缓苗。定植后应及时充足浇水 1 次。每亩用水量：膜下滴灌 $12 m^3$、膜下微灌 $14 m^3$、膜下沟灌 $16 m^3$。

（2）缓苗至开花期。定植后 10 d 浇缓苗水，至结果期 75 d 左右，灌溉周期为 25～28 d，一般灌溉 2 次。亩用水量：膜下滴灌 8～$10 m^3$、膜下微灌 10～$12 m^3$、膜下沟灌 12～$14 m^3$。

（3）结果前期。该时期从第一穗果有核桃大小起至第三穗果开始膨大，要注意防寒保温、及时增加覆盖物。该时期一般为 25 d 左右，当第一穗果有核桃大小时开始浇水，每隔 7～8 d 浇水 1 次，共浇水 3 次。亩用水量：膜下滴灌 8～$10 m^3$、膜下微灌 10～$12 m^3$、膜下沟灌 12～$14 m^3$。

（4）结果盛期。该时期一般从第三穗果膨大到采收结束前 15 d 左右。该时期为 50 d 左右，根据情况，保持土壤半干半湿为要求，灌溉周期为 8～10 d，共浇水 3 次。亩用水量：膜下滴灌 10～$12 m^3$、膜下微灌 12～$14 m^3$、膜下沟灌 $14 m^3$。

（5）结果末期。该时期一般为采收结束前 15 d 左右。灌溉周期为 7 d，一般浇水 1～2 次。亩用水量：膜下滴灌 12 m³、膜下微灌 12～14 m³、膜下沟灌 14 m³。

4. 施肥管理关键技术

缓苗后第一次追肥，结合浇水每亩追施尿素 5～6 kg；第一穗果有核桃大小时，每亩追施尿素 5～6 kg、硫酸钾 9 kg。第二穗果、第三穗果膨大期，每亩追施尿素 4 kg，3～5 次；结果盛期可增加叶面喷肥 0.3%～0.5% 的尿素或者 0.2%～0.5% 的磷酸二氢钾。

（三）越冬茬

1. 整地、做畦

施足基肥、深翻整地，起高畦，畦高 10～15 cm，大小行栽培。大行距 80 cm，小行距 40 cm。

2. 定　　植

定植苗龄 5～6 叶，定植密度每亩为 2 000～2 200 株。

3. 灌水管理关键技术

（1）定植至缓苗。定植后应及时充足浇水 1 次。每亩用水量：膜下滴灌 12 m³、膜下微灌 14 m³、膜下沟灌 16 m³。

（2）缓苗至开花期。定植后 10 d 浇缓苗水，至结果期 75 d 左右，灌溉周期为 25～28 d，一般灌溉 2 次。亩用水量：膜下滴灌 8～10 m³、膜下微灌 10～12 m³、膜下沟灌 12～14 m³。

（3）结果前期。该时期从第一穗果有核桃大小起至第三穗果开始膨大，约 50 d。当第一穗果有核桃大小时开始浇水，直到第三穗果开始膨大期，每隔 10～12 d 浇水 1 次，共浇水 3～4 次。亩用水量：膜下滴灌 8～10 m³、膜下微灌 10～12 m³、膜下沟灌 14 m³。

（4）结果盛期。该时期一般从第三穗果膨大到采收结束前 30 d，约 120 d。该时期根据情况，以保持土壤半干半湿为要求，灌溉周期为 8～9 d，共浇水 12～14 次。亩用水量：膜下滴灌 10～12 m³、膜下微灌 12～14 m³、膜下沟灌 14 m³。

（5）结果末期。该时期一般为采收结束前 30 d 左右。灌溉周期为 6～7 d，一般浇水 3～4 次。亩用水量：膜下滴灌 12～14 m³、膜下微灌 14～16 m³、膜下沟灌 16～18 m³。

4.施肥管理关键技术

缓苗后第 1 次追肥，结合浇水每亩追施尿素 5 ～ 6 kg；第一穗果有核桃大小时，每亩追施尿素 5 ～ 6 kg、硫酸钾 9 kg。第二穗果、第三穗果膨大期，每亩追施尿素 4 kg，3 ～ 5 次；结果盛期可增加叶面喷肥 0.3% ～ 0.5% 的尿素或者 0.2% ～ 0.5% 的磷酸二氢钾。

注意事项：灌溉水质应满足 pH 为 5.5 ～ 8.0、总含盐量 < 2 000 mg/L、含铁量 < 0.4 mg/L、总硫化物含量 < 0.2 mg/L 的要求；水质不符合要求时应进行过滤、净化处理。

对日光温室的冬季灌溉，灌溉水温不低于温室地温，避免水温低而影响作物根系生长。

三、应用效果

该技术节水 28%，增产 51%，提高水分利用效率 60%。

四、适用范围

适用于山前平原、低平原资源性缺水区。

日光温室膜下滴灌西瓜节水灌溉技术

一、技术简介

西瓜生产中的"经验管理模式"导致灌水盲目，大水大肥后，棚室内会严重发生病虫害。本技术针对河北省棚室西瓜生产中的灌溉现状，以减少地面蒸发和深层渗漏为核心，确定科学量化的灌溉指标，实现西瓜节水灌溉。

二、技术要点

（一）整地与定植

定植前整地起垄，行距为 140 ～ 150 cm，在垄面中间铺设 1 条滴灌管。早春茬西瓜 2 月上旬定植，秋冬茬西瓜 8 月中旬定植，定植后浇 1 次透水，每亩用量为 15 ～ 20 m^3。

（二）生育期水肥管理

1.缓苗至伸蔓期

该生长期早春茬不宜浇水，秋冬茬瓜蔓尖端显嫩绿色时也不宜浇水。当土壤相对含水量＜65％时，需浇小水 1 次，每亩灌水量为 8 ～ 10 m^3。

2.开花期

开花期不宜浇水。

3.果实膨大期

果实膨大到 3 ～ 5 cm 时、土壤相对含水量低于 80％ 时需要灌溉，早春茬的每亩灌水量为 12 ～ 15 m^3，4 ～ 5 d 灌溉 1 次，连续灌溉 4 ～ 5 次；秋冬茬每亩灌水量为 10 ～ 12 m^3，7 ～ 10 d 灌溉 1 次，连续灌溉 2 ～ 3 次。

4.采收期

采收前 7 ～ 10 d 停止浇水。及时采收。

（三）注意事项

早春茬西瓜灌溉时间为 10：00—12：00，其他季节灌水时间为清晨或傍晚，高温天气应在气温升高之前完成灌溉；阴雪天气不灌水，以免降低地温，影响根系生长，如需灌溉，采用滴水救急，待晴天后再缓慢灌水。

三、应用效果

应用该技术，实现亩均增收 800 元，节支 95 元，节水 33%，节水效果显著，有效提升设施西瓜的灌溉管理水平及科技含量。

四、适用范围

适用于河北省日光温室膜下滴灌西瓜生产区。

日光温室早春茬甜瓜节水灌溉技术

一、技术简介

甜瓜生长发育的不同阶段对水分的需求特性也存在较大的差异，传统灌溉灌水量大、深层渗漏严重、灌溉频繁，造成大量水肥浪费。针对河北省蔬菜节水灌溉技术应用现状，该技术以减少地面蒸发和深层渗漏为核心，确定科学量化的灌溉指标，实现蔬菜灌溉节水高效。

二、技术要点

（一）起　　垄

根据作物需求的行距起垄，垄宽 25～30 cm，沟宽 50～60 cm，垄高 15～20 cm。每垄铺设 1 条滴灌管，试水，覆盖地膜。

（二）定　　植

2 月上旬定植，苗龄 3～4 叶 1 心。定植前灌 1 次透水，亩灌水量 15～20 m³。

（三）灌水管理

1.缓苗至根瓜开花

早春茬不宜浇水。当土壤耗水量低于 60% 时浇缓苗水，一般在定植 7～8 d 后，亩灌水量 8～10 m³。待水渗下后，结合松土深锄并向每行苗根际部进行 1 次培土。

2.开花—坐瓜期

开花前期，结合施肥浇水 1 次，亩用水量 8～10 m³。开花后至甜瓜 3 cm 大小，不再浇水，以防落花落果。

3.膨瓜期

果实膨大到 3～5 cm，当土壤相对含水量低于 80% 时需要灌溉。亩灌水量 8～10 m³，该阶段一般浇水 3～4 次，灌溉周期为 4～5 d。

4.成熟期

当土壤相对含水量低于 60% 时需要灌溉，亩灌水量 10 m³。一般需浇水 1～2 次。采收前 7～10 d 停止浇水。及时采收。

（四）注意事项

早春灌水时间在 10：00—12：00；其他季节灌水时间在清晨或傍晚。在预报高温天气时，在清晨气温升高之前完成浇水。阴雪天气不可灌水，以免降低地温，影响根系生长，如果非灌水不可时也只能采用滴水方式救急，等待天晴后缓慢灌水。

三、应用效果

应用该技术，实现亩均增收 900 元，节支 60 元，节水 50%，节水效果显著，有效提升设施甜瓜的灌溉管理水平及科技含量。

四、适用范围

适用于河北省设施蔬菜生产区。

日光温室秋冬茬番茄滴灌水肥一体化技术

一、技术简介

滴灌水肥一体化能够按照不同作物的需求，合理配置养分比例，适时适量供给，通过精确控制灌溉施肥量和施肥时间，充分满足作物对水分与营养需求，实现水肥与作物根系的同位，具有可控制性，以此为作物生长提供最佳的生长环境。

二、技术要点

（一）整　地

施底肥后深耕耙平。亩施入腐熟有机肥鸡粪 1 000～1 500 kg 或牛粪 2 000～2 500 kg；生物有机肥 40～50 kg；三元复合肥 20～30 kg。

（二）起　垄

垄宽 80 cm，垄高 12～18 cm，沟宽 40 cm。每垄铺设 2 条滴灌管，试水后覆盖地膜。

（三）定　植

8月下旬—9月中旬定植。苗龄为 3～4 叶 1 心。亩种植密度为 0.3 万～0.32 万株，定植距滴灌管 3～5 cm。定植后立即浇水，每亩用水量 10～12 m³。

（四）生育期水肥管理

1.缓苗至开花期

定植后 5～7 d 新叶转绿时浇缓苗水，每亩用水量 8～9 m³。

2.果实膨大期

定植后 45～50 d 第一穗果实坐住、土壤相对含水量为 70%～75% 时，亩灌施水溶肥每次 11～12 kg，前后灌溉每亩清水总量为 9.5～11 m³，10～15 d 灌溉施肥 1 次，连续灌溉施肥 4 次。

3.收获期

定植后 100～105 d、土壤相对含水量为 70%～75% 时，灌溉水溶肥一次 12～13 kg/ 亩，前后灌溉每亩清水总量为 10～12 m³，9～12 d 灌溉施肥 1 次，连续灌溉施肥 5 次。及时收获。

（五）注意事项

冬季浇水时间为上午 10：00—12：00；其他季节浇水时间为清晨或傍晚，高温天气时须在气温升高之前浇水。阴雪天气不浇水，如果必须灌水应滴水救急，待晴天后缓慢灌水。

三、应用效果

节水 35%，节肥 40%，节支 105 元，节水、节肥降耗效果显著，实现亩均增收 275 元，有效提升设施番茄生产的管理水平及科技含量。

四、适用范围

适用于河北省设施蔬菜生产区。

设施茄子膜下滴灌节水灌溉技术

一、技术简介

目前沟、畦灌技术占总面积的 80.37%，地表蒸发损失占 30%～40%；二是灌水量大，深层渗漏严重。据调查，亩次灌水量在 30 m^3 左右，与蔬菜浅根系吸水的特征极不适宜，有 40%～50% 的水量形成根层以下渗漏，根据不同生育期茄子需求特性进行灌溉，可有效控制茄子生长发育，既节水又增产。

二、技术要点

（一）种植模式

选用高产、优质、抗性好、商品性好的品种，育苗采取穴盘基质育苗。采用株距 30 cm、行距 60 cm 起垄覆膜种植，每亩种植密度为 3 700 株，双干整枝。

（二）灌溉方式

滴灌管的铺设通常在整地起垄后铺设，沿垄中间铺设 1 条滴灌管，出水孔靠近作物根部，间距与株距相同，浇水时用功率不小于 1 kW 的水泵加压。

（三）灌溉制度

根据茄子植株长势、生理特性、果实营养品质和茄子各生育期需水规律，春茬茄子不同生育期灌溉起始点为，苗期 55%～65%，花果期 65%～75%，结果盛期 80%～85%，每亩灌水量 10～12 m^3。

三、应用效果

亩均增收 300 元，节支 95 元，节水 30%。

四、适宜范围

适用于河北平原地区设施茄子栽培。

小麦玉米三密一稀种植微喷灌溉智能化管理技术

一、技术简介

通过开展小麦玉米微灌技术属地化研究，完善了耗水规律、灌溉施肥制度与指标体系，解决了传统灌溉水分渗漏和与作物需求不同步问题；制定了两熟区微灌管田间铺设规范；研发了田间自动分区灌溉智能化设备；创新了玉米种植模式，改等行距为三密一稀；构建了小麦—玉米微灌一管两用的节水节肥增产增效集成技术。

节水技术规模化应用设备已经配套并且智能化。节水技术应用过程中，技术需求与农业条件不对接、技术操作与农民素质不匹配、节水技术规模应用与农村分散经营不适应等问题限制了成果转化率。随着现代农业的发展，农艺技术设备化、技术操作智能化，农业节水技术已凝集在产品与设备中，促进技术应用的简单化、标准化和规模化。

小麦玉米微灌节水智能化管理技术，从小麦玉米节水技术入手，以根层灌溉控制渗漏节水和施肥按需供给提高肥料效益为技术核心，以农业生产智能化管理为目标，集成灌溉制度、施肥管理、种植形式、自动控制等技术，具有明显的节水、节肥、省工效果，对于粮食生产节本增效、农民增收具有重要作用。

二、技术要点

（一）技术模式

该成果由种植形式、节水灌溉制度、自动控制设备 3 部分集成，形成小麦玉米微灌节水智能化管理技术模式。

（二）技术关键

1. 种植形式

小麦 15 cm 等行距播种，微喷带间隔 1.5 m。玉米 60 ：90 三密一稀种植，种植密度 5 500 株，微喷带位于 60 cm 三密玉米种植行中侧。

2. 节水型灌溉制度

包括灌水量、灌水定额、灌溉周期、灌溉水分下限。计划灌溉湿润层确定在 0 ～

50 cm 土层，亩灌水定额为 15 ~ 20 m³。灌溉下限指标根据不同生育期而定。其中，小麦：苗期—越冬 55% ~ 65%，越冬—返青期 60% ~ 70%、返青—拔节 50% ~ 60%、拔节—抽穗 60% ~ 70%，抽穗—灌浆 60% ~ 70%，灌浆—成熟 50% ~ 60%；玉米：出苗—幼苗 60% ~ 75%，幼苗—拔节 50% ~ 65%，拔节—抽雄 65% ~ 75%，抽雄—灌浆 70% ~ 80%，灌浆—成熟 65% ~ 75%。灌水周期依据田间耗水量而定。

3. 自动控制系统

土壤水分监测传输到系统，系统进行数据汇集、处理、决策，自动监测控制系统控制电动阀开闭灌溉，达到自动分区灌溉。

注意事项：支管折径和微喷带折径、孔数、流量等要与铺设产度、土壤质地相配合；微喷带孔径选用在 0.6 ~ 0.7 mm，机井含沙量大要安装首部过滤装置；机井压力不足可加加压泵，保证灌水均匀度和增加控制灌溉面积。

三、应用效果

小麦玉米增产达到 15% 以上，亩增纯收益 100 元以上。小麦玉米水分生产率比常规生产提高 30% 以上。亩节水比常规灌溉节约用水 50 m³ 左右，缓解了对地下水超采的压力；节约氮肥用量 7.5%，减轻对土壤污染的程度。技术应用采用智能化灌溉施肥，节工 30% 以上，有效解决了规模经营条件下的劳动力成本。智能化技术在粮食生产的应用，将推动河北省农业现代化推进步伐，并且带动节水灌溉科技企业和新兴农业企业（信息农业企业）的发展。

四、适用范围

适用于小麦和玉米种植区域，尤其适用于玉米倒伏严重地区。

果树环绕式滴灌水肥一体化技术

一、技术简介

环绕滴灌施肥是在原来的滴灌施肥技术基础上对滴头布置方式进行适当的改进，同时配套相应的农艺技术措施。该项技术比较适用于苹果、梨和桃等树干和根系较发达的果树。

二、技术要点

（一）系统组成

环绕式滴灌施肥的首部枢纽由水泵、动力机、变频设备、施肥设备、过滤设备、进排气阀、流量及压力测量仪表等组成。田间灌溉设备包括支管、环绕式滴灌管和滴头。

（二）操作要点

环绕滴灌每行果树沿树行布置 1 条灌溉支管，在每棵果树距离树干 60 ～ 100 cm 处，围绕树干铺设 1 条环形滴灌管；在滴灌管上均匀安装 4 ～ 6 个压力补偿式滴头，形成环绕滴灌。

滴灌技术与滴灌施肥技术。应用相应的施肥装置和水溶性滴灌专用肥，实现水肥一体化。在正常年景，全生育期滴灌 6 ～ 7 次，每亩总灌水量 110 ～ 150 m^3（下表）。

表　苹果各个生育期需水规律及环绕式滴灌灌溉制度

生育阶段	耗水强度（mm/d）	灌溉次数（次）	灌水定额 [m^3/（亩·次）]
萌芽期	1.0 ～ 1.2	1	15 ～ 20
花期	1.8 ～ 2.0	1	15 ～ 20
新梢旺长期	2.6 ～ 2.8	1	15 ～ 20
新梢停长期	1.1 ～ 1.3	1	15 ～ 20
新梢二次生长期	2.1 ～ 2.3	1 ～ 2	15 ～ 25
果实成熟期	1.9 ～ 2.1		
落叶期	1.1 ～ 1.3	1	30 ～ 40
全生育期		6 ～ 7	110 ～ 150

施肥技术果树萌芽前，以放射沟或环状沟施肥方式施入三元复合肥（20-10-20）50～60 kg，花后结合滴灌施肥 1～2 次，每次每亩滴施水溶性配方肥 10～15 kg，$N：P_2O_5：K_2O$ 比例 20：10：10 为宜。果实膨大期结合滴灌施肥 1～2 次，每次每亩滴施水溶性配方肥 10～15 kg，$N：P_2O_5：K_2O$ 比例 19：8：27 为宜。果实采收后，沿树盘开沟每亩基施腐熟有机肥 3 000～4 000 kg。

（三）配套技术

枝条粉碎覆盖果园修剪后的果树枝条用粉碎机粉碎后，将其均匀覆盖在树盘周围。每棵果树覆盖量 45～60 kg，覆盖厚度 2～3 cm。行间生草覆盖首先要选择适宜的草种。可以利用天然草，也可以人工种植。人工生草采用的草种以多年生草为主。豆科有三叶草、矮化草木樨、多年生香豌豆和小冠花，禾本科有多年生黑麦草、狗尾草等。生草制的草种可以单播，也可以混播，豆科与禾本科混播比例一般为 1：1。生草制种植普遍采用行间生草，生草带宽度一般为果树行距的 2/3，行内覆盖地膜或覆草。刈草是果园生草重点管理措施，全年刈割 4～6 次，刈割后覆盖树盘或株间，刈草留茬高度一般为 5～10 cm，以利草的再生。为了维持生草层，发现稀疏地段要及时补种，有鼠类为害时及时防治，间隔一定年限要耕翻压青，防止土壤紧实。此外生草制果园前期应适当增加施肥和灌水量。

施用保水剂，与果园施肥相结合保水剂与土壤混合的比例为 1：（1 000～2 000），最好在果园施基肥时一并施入，且只能施在地下根系分布层，才能被根系吸收。幼树定植时，每穴施 20～30 g，成龄树视树体大小每穴施 50～100 g。对于土层深厚、保水保肥能力强的壤土和黏土地，适当少施，土层浅，保水保肥能力差的沙土地和瘠薄地，适当多施，一般增减幅度可在 20% 左右。施用保水剂必须与其他节水措施，如地膜覆盖、穴贮肥水、果园覆草等配合应用效果才能更加明显。保水剂不是造水剂，所以施后时间过长，同样满足不了果树生长发育所需水分，因此，施后应及时检查墒情，适时补水。但雨季要注意排水。

三、应用效果

与常规畦灌相比，节水 35%，节肥 15%，优质苹果产量提高 8%，亩节本增收 2 100 元，劳动生产率提高 20%～30%。

四、适用范围

适用于灌溉条件较好、生产技术水平较高，苹果、梨和桃等树干和根系较发达的果园。

果树小管出流节水技术

一、技术简介

穴贮肥水小管出流是将传统的穴贮肥水和小管出流进行结合，发挥各自的优点，提高灌水效率和水分利用效率的一项综合技术。小管出流流道直径比滴灌灌水器的流道或孔口的直径（$0.5 \sim 1.2$ mm）大得多，而且采用较大流量出流，避免了滴灌系统灌水器易于堵塞的难题。涌泉灌（小管出流）是一种局部灌溉技术，只湿润果树根系活动层的部分土壤，提高了水的利用率。该项技术比较适用于山区地形复杂、有一定坡度的果园。

二、技术要点

开挖深 $30 \sim 40$ cm、直径 $20 \sim 30$ cm 的穴（坑），深度以挖至浅层根系分布层为宜；穴的数量根据果树树龄灵活确定，一般每株 $2 \sim 4$ 个穴，均匀排布在果树的周围。有机培肥保墒在每个穴中填入优质有机肥 $40 \sim 80$ kg。施肥后在上面均匀铺上粉碎的枝条和土层，并压紧封严；穴上方培成凹形，使营养穴低于地面 $1 \sim 2$ cm，形成盘子状，以便降雨时地表的雨水能流入穴中。

地膜覆盖保墒在穴的上部和果树树干周围覆盖黑色地膜，地膜边缘用土压严，增加保肥保水效果。在地膜中部戳一小孔，用于日后浇水施肥和降雨时蓄接雨水，将小管出流的出水毛管通过地膜的小孔插入每个穴中。

小管出流系统改进：沿果树种植行方向铺设灌溉支管，安装直径 $4 \sim 8$ mm 的毛管深入每个穴中。改进原有出水方式，使原先的 1 条出水毛管在每棵果树中分出 $2 \sim 4$ 条较小的出水毛管，与每个穴一一对应。

小冠篱壁形果园采用毛管顺钢丝水平放置模式：采用小管出流灌溉系统，主管、干管、支管均铺设于地下，毛管沿株间在高为 1 m 左右铺设，距树干 $20 \sim 50$ cm 处的树干两侧各安装 1 个灌水器，小树时灌水器毛细管自然下垂；树大时灌水器毛细管沿果树下部分枝向外围延伸分布于树干两侧，垂直于行向，出水口位于吸收根水平集中分布区的正上方。

中冠纺锤形果园采用毛管顺树干垂直放置模式：采用小管出流灌溉系统，主管、干管、支管均铺设于地下，顺行建立毛管支架，毛管沿主干垂直向上到 1.5 m 左右处，灌水器毛细管沿果树分枝向外围延伸分布于东、南、西、北 4 个方向，出水口位于吸收根集中分布区的正上方，灌水器毛细管长度可根据果树冠径大小设定。

大冠高干开心形果园采用毛管高架灌水器下垂模式：采用小管出流灌溉系统，主管、干管、支管均铺设于地下，顺行建立毛管支架或利用果园防鸟网支架，在树行两侧各铺设一条毛管（顺行水平铺设），高度 2 m，位于根系水平集中分布区的正上方；根据树冠大小，每株树的两侧各均匀布设 2 ～ 4 个灌水器，灌水器垂直吊挂在毛管上，出水口正好位于根系水平集中分布区的正上方。

在萌芽期、花后、果实膨大期和果实成熟前期 4 个关键时期每隔 7 ～ 10 d 灌水 1 次，其他时期根据降水和土壤墒情而定，年灌水 18 次左右，亩灌水量 60 ～ 90 m³。施肥可结合灌水同时进行。

（一）滴灌施肥技术

应用相应的施肥装置和水溶性滴灌专用肥，实现水肥一体化。在正常年型，全生育期滴灌 6 ～ 7 次，每亩总灌水量 130 ～ 165 m³（下表）。

表　苹果各个生育期需水规律及覆膜沟灌灌溉制度

生育阶段	耗水强度（mm/d）	灌溉次数（次）	灌水定额［m³/（亩·次）］
萌芽期	1.0 ～ 1.2	1	20 ～ 25
花期	1.8 ～ 2.0	1	20 ～ 25
新梢旺长期	2.6 ～ 2.8	1	20 ～ 25
新梢停长期	1.1 ～ 1.3	1	20 ～ 25
新梢二次生长期	2.1 ～ 2.3	1 ～ 2	20 ～ 25
果实成熟期	1.9 ～ 2.1		
落叶期	1.1 ～ 1.3	1	30 ～ 40
全生育期		6 ～ 7	130 ～ 165

（二）施肥技术

果树萌芽前，以放射沟或环状沟施肥方式施入三元复合肥（20–10–20）50 ～ 60 kg，花后结合滴灌施肥 1 ～ 2 次，每次每亩滴施水溶性配方肥 10 ～ 15 kg，

N：P_2O_5：K_2O 比例 20：10：10 为宜。果实膨大期结合滴灌施肥 1 ～ 2 次，每次每亩滴施水溶性配方肥 10 ～ 15 kg，N：P_2O_5：K_2O 比例 19：8：27 为宜。果实采收后，沿树盘开沟每亩基施腐熟有机肥 3 000 ～ 4 000 kg。

（三）配套技术

行间生草覆盖在果树行间，人工种植三叶草、鸭茅、小冠花等果园生草的草种或者采取自然生草的方法，每年定期刈割 2 ～ 3 次。也可以覆盖秸秆或粉碎的果树枝条等，降低果园温度，减少果园地表水分的蒸发。

施用保水剂与果园施肥相结合保水剂与土壤混合的比例为 1：（1 000 ～ 2 000），最好在果园施基肥时一并施入，且只能施在地下根系分布层，才能被根系吸收。

三、应用效果

苹果采用穴贮肥水小管出流施肥技术，与常规畦灌相比，节水 30%，节肥 15%，节本增收 16.8%，劳动生产率提高 20% 以上。

四、适用范围

适用于灌溉条件较好，生产技术水平较高的果园。

"沟灌施肥＋行间覆盖"节灌技术

一、技术要点

在树冠投影外缘向内顺行挖出灌水沟，树行两侧各挖一沟，沟深 20～25 cm，沟宽为树冠半径的 1/3，沟长不超过 50 m，并有微小的比降。在灌水沟内覆盖作物秸秆、绿肥、杂草等有机物，厚度 20～30 cm。

二、应用效果

较常规管理果园节水 28%、节肥 20%。

三、适用范围

适用于河北省两山（燕山、太行山）地区分散管理的果园。

果树地布集蓄降水雨养节水技术

一、技术简介

在果树树盘内挖浅沟，并铺地布，利用地布收集降水、施肥灌水，此模式可以充分利用降水，减蒸保墒。

二、技术要点

沿树干两侧，于树冠投影外缘处挖两条平行浅沟，沟间覆盖园艺地布，做成两边高中间低的形状，施肥时将水溶肥稀释至少量水中，直接浇灌于园艺地布上，肥水沿园艺地布的缝隙渗入土中，干旱时期每隔 10 d 左右浇灌 1 次，少量多次。

三、应用效果

较常规水肥管理果园，节水 82%、节肥 33%，产量提高 26%。

四、适用范围

适用于河北省不具备灌溉条件、降水量相对充足的果园。

设施果树"起垄栽培＋膜下滴灌"节水技术

一、技术要点

将果树栽植于覆盖地布的垄上，地布下铺设滴灌管，此模式可以有效增加土层厚度、防止冠下杂草、保水，控制棚内湿度。顺行向在树干两侧铺 0.8～1.0 m 宽的地膜，利用灌溉系统设备，通过管道将水、肥输送到果园，借助埋设于地膜下根系主要分布区的滴头，实现植株的水肥供给。

二、应用效果

较常规水肥管理果园，节水 57%、节肥 24%、病虫害降低 8%。较常规技术，亩增产 500 kg，增加成本 640 元，节省用工 240 元，增加纯收益 2 600 元。

三、适用范围

适用于河北省两山（燕山、太行山）地区设施栽培果园或限域栽培的果园。

设施蔬菜软体集雨节水技术

一、技术简介

针对设施蔬菜生产屏蔽自然降水、仅依靠超采地下水灌溉的问题，集成设施膜面和新型软体窖高效集雨、小流量微灌以及水肥一体化技术，充分蓄集天然降水高效利用水肥资源，以蓄集雨水替代地下水，提高灌溉水质量，在设施蔬菜上实现雨养生产，大幅度压减地下水超采，实现水肥耦合，控水减肥、提质增效，促进设施蔬菜生产向绿色、优质和可持续发展转型升级。

二、技术要点

（一）窖体设计

根据华北地区降水条件和设施农业种植需求，优化膜面和窖面集雨面设计，利用设施大棚之间的空地建设适宜容积的集雨窖，在不硬化土地、不影响种植的情况下充分蓄集自然降水。

根据设施大棚一般为抛物面复合型或拱圆型设计，参考当地降水量计算集雨量：集雨量 = 集雨面积 × 降水量 × 集雨系数（下表）。

表　设施棚面可集雨量测算

大棚长度（m）	集雨棚面（m²）	降水量（mm）							
		200	300	350	400	450	500	550	600
60	360	68.4	102.6	119.7	136.8	153.9	171	188.1	205.2
70	420	79.8	119.7	139.7	159.6	179.6	199.5	219.5	239.4
80	480	91.2	136.8	159.6	182.4	205.2	228	250.8	273.6
90	540	102.6	153.9	179.6	205.2	230.9	256.5	282.2	307.8
100	600	114	171	199.5	228	256.5	285	313.5	342

以上规格的设施大棚集雨面为 360 ～ 600 m²。华北地区年均降水量在 500 ～

600 mm，仅用设施棚面作为集雨面，每亩设施种植面积可集雨量为 200～250 m³，可基本满足一季作物生长需水，两季作物则不足。

除了设施棚面外，软体水窖的窖面本身也是良好的集雨面。华北地区大棚之间南北向间隔在 4～6 m，有 3～5 m 的空间可用于安装水窖，集雨面可按照窖面宽 3 m，长度与大棚长度相同计算。

考虑水窖窖面，集雨总面积增加为 540～900 m²，华北地区年均降水量在 500～600 mm，可集雨量为 280～500 m³。每亩设施农业集水量如达到 400～500 m³，可基本满足一年两季蔬菜节水灌溉生产所需水量。

（二）窖体安装

配置新型软体窖（池），密封储水，无蒸发渗漏，保证蓄水质量。为保证足够的阳光照射，大棚预留 6～8 m² 的空地。选取合适的地址，先按照水窖的尺寸进行土方作业，挖一个水窖预置坑。把水窖包装打开，将水窖打开后放入挖好的坑内，拉伸并用钢钎固定。由于 100 m³ 以上的大容量水窖较重，为了安装方便，可以用鼓风机把水窖充气鼓起来，更容易把水窖展开和安装。

（三）安装施肥设备

配备小流量微灌和精准施肥设备，推动水肥调控设施装备升级，提高自动化、精准化、抗堵塞能力。设施水肥一体化技术系统一般由水源、首部、管网和灌水器 4 个部分组成，其中设施作物灌溉水源多为地下水，首部包括过滤器和施肥器，管网包括棚内支管和毛管，灌水器为毛管上的滴头。

（四）集成水肥一体化

1. 设施设备

综合分析土壤、作物布局和水源等因素，专业人员设计系统，布置毛管和灌水器，安装灌溉、施肥设备，水压试验、系统试运行。

2. 水分管理

根据作物需水规律、土壤墒情、根系分布、土壤性状和设施条件，制定灌溉制度（灌水量、灌水次数、灌溉时间和每次灌水量）。湿润深度：蔬菜 0.2～0.3 m，果树 0.3～0.8 m。

3. 养分管理

按照作物目标产量、需肥规律、土壤养分含量和灌溉制定施肥制度（施肥次数、时间、养分配比和施肥量）。选择溶解度高、腐蚀性小的肥料，优先施用配比适宜的水溶性肥料。

4. 水肥耦合

按照肥随水走、少量多次、将作物总灌溉水量和施肥量在不同的生育阶段分配，制定灌溉施肥制度（基肥与追肥比例，灌溉施肥的次数、时间、灌水量、施肥量等）。

三、应用效果

相较传统传统集雨技术，在成本上可下降 50% 以上，且安装简便，无须频繁清淤。单个标准大棚一年可循环集雨 400 m^3 左右，可以替代抽取地下水，按一年两季中等耗水蔬菜生产计算，节水压采率为 80%。

四、适用范围

适用于降水量 400 ～ 600 mm 设施蔬菜种植地区。

果园软体集雨节水技术

一、技术简介

果园软体集雨窖水肥一体化技术模式，是以新型软体集雨窖收集雨水或贮存客水为水源，通过滴灌系统进行补充灌溉，同时将肥料配兑成肥液，在灌溉的同时将肥料输送到作物根部土壤，适时满足果树对水分和养分需求的一种现代节水农业集成新技术。

二、技术要点

（一）窖体计算

集雨窖一年中可实现多次降雨蓄积，上一年度蓄积的雨水可供来年春季使用，雨季使用过程也可不断循环集用。据估算，年软体水窖集雨量一般可实现水窖单体蓄水量的1.2倍以上。按照平均年降水量为550 mm测算，可得出集雨量与水窖蓄水体积与集雨面对照参考（表1）。

表1　集雨量与水窖蓄水体积与集雨面参考

集雨量（m³）	水窖蓄水体积（m³）	年平均降水量550 mm集雨面（m²）
10	8.3	15
20	16.7	28
50	41.6	75

主要针对春季旱期和中后期关键追肥时采用补灌，蓄水量水窖与果树作物补灌水量及面积对应关系见表2。

表2　蓄水量水窖与果树作物补灌水量及面积对应关系

补灌水量 ［m³/（亩·次）］	软体水窖容积 （m³）	循环蓄水量 （m³）	推荐补灌面积、次数
3～5	8	10	2亩根区注灌3次，或1亩滴灌2～3次
	20	24	4亩根区注灌3～4次，或2亩滴灌3次
	50	60	6亩根区注灌6次，或4亩滴灌3～4次

（二）果园水肥一体化配置

1. 灌注水肥一体化设备

该设备利用软体集雨窖续集雨水，通过增压泵加压的水和肥液经软管和注灌器，快速注射到植物根部土壤。较滴灌水肥一体化技术模式，可以进一步降低灌水用量，在干旱时期、集雨较少时，可以对果园进行有效灌溉，一棵树灌注 $0.025 \sim 0.03$ m^3 水或肥液，可以有效保障果树生长。在使用时需要进水管连接水窖和注灌泵，同时在注灌泵的另一端由出水管连接注肥枪。注灌过程中，将注肥枪插入果树根区，通过主管泵压力将水或肥液注入，可以有效减少水分的地表蒸发和地下渗漏。

2. 滴灌集雨窖水肥一体化设备

该设备的作用是从集雨窖取水增压（如有必要）并将其处理成符合微灌要求的水流送到系统中去。包括加压设备（水泵、动力机）、注肥设备、过滤设备、控制阀、进排气阀、压力流量仪表等。

（三）水肥一体化技术

1. 灌溉制度的制定

由于灌水模式分为灌注模式和滴灌模式。灌注模式是在水源较少的情况下，通过高效灌水方式，确保果树生长有足够的水分供应，所以在灌注模式下，采用等额灌水量，每次每棵树灌水 0.025 m^3，在每亩 70 棵果树的情况下，亩灌水总量为 2 m^3。

在水源充足的条件下，采用滴灌模式，滴灌需要确定滴灌制度。灌溉制度包括全生育期内的灌水次数，灌水周期、灌水的延续时间、灌水定额以及灌溉定额。灌溉制度随果树种类与品种、土壤与气象等自然条件、灌溉条件、设施条件以及农业技术措施而不同。

2. 施肥制度的制定

施肥制度（针对追肥而言）包括总施肥量、每次施肥量、养分配比、施肥时期和肥料品种等。与常规施肥方式相比，水肥一体化的施肥制度有以下特点。一是必须采用水溶性好的肥料。滴灌施肥和微喷灌施肥必须采用全水溶性的肥料。二是总施肥量降低。这是由于灌溉施肥下肥料直接作用于作物根区，利用率较高。三是"少量多次"，与灌溉制度相似，灌溉施肥下的每次施肥量减少，而施肥的次数增加，这样更有利于将作物根区养分浓度维持在相对稳定的水平，促进作物吸收。

不同树龄果树的产量不同，养分需求也相应不同。一般而言，萌芽期到开花初期养分分配 10%～20%，氮、磷比例较高一些；开花期到坐果期养分分配 20%～

30%，氮、钾比例较高一些；果实膨大期养分分配 60% 左右，钾的比例高一些。

（四）灌溉施肥制度

灌溉施肥制度的拟合原则是肥随水走，分阶段结合，即将肥料按照灌水时间和次数进行分配。追肥次数和追肥量取决于灌溉方式，采用滴灌施肥、喷灌施肥等方式时追肥次数尽量增加，每次施肥量相应降低，最好是每次灌溉都施肥。表 3、表 4 为按照苹果灌溉制度和施肥制度拟合而成的水肥一体化方案。

表 3　初果期苹果树水肥一体化方案

生育时期	灌溉次数（次）	灌水定额（m³）	每次灌溉加入灌溉水中的纯养分量（kg）				备注
			N	P_2O_5	K_2O	$N+P_2O_5+K_2O$	
基肥	1	25	3.0	4.0	4.2	11.2	树盘灌溉
花前	1	20	3.0	1.0	1.8	5.8	滴灌或微喷
初花期	1	15	1.2	1.0	1.8	4.0	滴灌或微喷
花后	1	15	1.2	1.0	1.8	4.0	滴灌或微喷
初果	1	15	1.2	1.0	1.8	4.0	滴灌或微喷
果实膨大期	1	15	1.2	1.0	1.8	4.0	滴灌或微喷
果实膨大期	1	15	1.2	1.0	1.8	4.0	滴灌或微喷
合计	7	120	12.0	10.0	15.0	37.0	

表 4　盛果期苹果树水肥一体化方案

生育时期	灌溉次数（次）	灌水定额（m³）	每次灌溉加入灌溉水中的纯养分量（kg）				备注
			N	P_2O_5	K_2O	$N+P_2O_5+K_2O$	
基肥	1	35	6.0	6.0	6.6	18.6	树盘灌溉
花前	1	18	6.0	1.5	3.3	10.8	滴灌或微喷
初花期	1	20	4.5	1.5	3.3	9.3	滴灌或微喷
花后	1	20	4.5	1.5	3.3	9.3	滴灌或微喷
初果	1	20	6.0	1.5	3.3	10.8	滴灌或微喷
果实膨大期	1	20	3.0	1.5	6.6	11.1	滴灌或微喷
果实膨大期	1	20	0	1.5	8.1	4.0	滴灌或微喷
合计	7	153	30.0	15.0	34.5	73.9	

在灌注模式下，由于每次灌水量较为固定，且用水量较小，肥料将主要以土施为主，配合 3 次注灌，6—9 月主要依靠天然降水（表 5）。

表 5　苹果注灌树水肥一体化方案

生育时期	灌溉次数（次）	灌水定额（m³）	每次灌溉加入灌溉水中的纯养分量（kg）				备注
			N	P_2O_5	K_2O	$N+P_2O_5+K_2O$	
基肥			15.5	11.0	16.6	18.6	环施
花前	1	2	6.0	1.5	3.3	10.8	灌注
初花期	1	2	4.5	1.5	3.3	9.3	灌注
果实膨大期	1	2	4	1	9.8	4.0	灌注
合计	3	6	30.0	15.0	33.0	42.7	

三、应用效果

软体集雨窖充分利用自然降水，减少了对地下水的开采。同时通过水肥一体化适时适量地将水和营养成分直接送到作物根部，提高了水和肥料的利用率，果园的灌溉水利用系数可达到 0.9 以上。

四、适用范围

适用于降水量 400～600 mm 果树种植地区。

集雨补灌技术

一、技术简介

集雨补灌技术是以设施棚面、窖面或专门铺设的集雨面收集雨水，蓄集于软体集雨窖池中，配套滴灌、注灌等设备进行灌溉或补充灌溉的技术模式。

二、技术要点

该技术应用需要配套新型软体集雨窖（池），并配备小流量微灌和精准施肥设备，升级水肥调控设施装备，提高自动化、精准化、抗堵塞能力。

（一）窖体设计

根据降水条件和设施农业种植需求，优化膜面和窖面集雨面设计，利用设施大棚之间的空地建设适宜容积的集雨窖，在不硬化土地、不影响种植的情况下充分蓄集自然降水。

（二）窖体安装

配置新型软体窖（池），密封贮水，无蒸发渗漏，保证蓄水质量。为保证足够的阳光照射，大棚预留 6～8 m 的空地。选取合适的地址，先按照水窖的尺寸进行土方作业，挖一个水窖预置坑。把水窖包装打开，将水窖打开后放入挖好的坑内，拉伸并用钢钎固定。由于 100 m³ 以上的大容量水窖较重，为了安装方便，可以用鼓风机把水窖充气鼓起来，更容易把水窖展开和安装。

（三）安装施肥设备

配备小流量微灌和精准施肥设备，推动水肥调控设施装备升级，提高自动化、精准化、抗堵塞能力。设施水肥一体化技术系统一般由水源、首部、管网和灌水器 4 个部分组成，其中设施作物灌溉水源多为地下水，首部包括过滤器和施肥器，管网包括棚内支管和毛管，灌水器为毛管上的滴头。

三、适用范围

适用于干旱缺水地区或地下水超采区，适用于蔬菜、果树等经济作物。

蓄水保墒技术

一、技术简介

蓄水保墒技术是以提高天然降水利用效率为核心，采用深耕蓄墒、耙糖保墒、镇压提墒、保水剂拌种拌肥、覆盖保墒等技术，纳雨蓄墒、提高土壤蓄水保水能力，配套探墒播种、长效肥等措施，促进水肥耦合。该项技术配套保水剂、长效肥和相关农机作业。

二、技术要点

（一）深松耕 + 保水剂技术

重点在玉米、小麦、马铃薯等大田作物播种或移栽前，开展深松耕作业，疏松土壤，破除犁底层，增加土壤蓄水能力。平原地区深松耕 30 ～ 35 cm，丘陵山区深松耕 25 cm 以上。在深松耕后，将保水剂与肥料混合均匀底施。

（二）探墒沟播 + 保水剂技术

旱地作物播种前监测土壤墒情，探测土壤湿润层深度，利用探墒沟播专用机具开沟至湿润层，将种子、肥料、保水剂等一同播入。在播种时，选用带有锯齿圆盘开沟器的播种机，一次完成灭茬、开沟、起垄、施肥、播种、覆土、镇压等作业，配套选用抗旱品种、施用缓释长效肥或保水剂等措施。

（三）少免耕 + 覆盖保墒技术

采用少免耕技术蓄水保墒，减少水土流失，应用秸秆、生草等进行覆盖，减少水分蒸发。播种时配套保水剂、长效肥等底施。

（四）等高种植技术

沿等高线成行种植，减轻雨水径流和对土壤的冲刷。一般当坡度大于 3° 且小于 7° 时，采用等高种植。当坡度大于 7° 且小于 25° 时，采用梯田种植。

三、适用范围

适用于小麦、玉米、马铃薯、棉花、花生、烟草、蔬菜等作物。

地膜减量增效技术

一、技术简介

开展地膜覆盖适宜性评价，在适宜地区以半膜覆盖替代全膜覆盖，秸秆（生草）覆盖、土壤保水替代地膜覆盖，从源头上减少地膜使用和残膜产生。示范推广生物全降解地膜、高强度易回收地膜替代传统地膜。

二、技术要点

（一）秸秆覆盖

利用秋收后废弃不用的作物秸秆，通过人工或机械操作，把秸秆按不同形式覆盖在地表，综合采用少耕、免耕、选用良种、平衡施肥、防治病虫害、模式化栽培等多项配套技术，达到蓄水保墒、改土培肥、减少水土流失、增产增收的目的。

（二）生物全降解地膜应用

综合考虑太阳辐射量、积温条件、灌溉条件等，选择全生物降解地膜。增温保墒性能优先选择无色全生物降解地膜，除草性能优先选择黑色全生物降解地膜。不同作物应根据功能期长短不同选择全生物降解地膜，机械覆膜要选择力学性能较好的全生物降解地膜满足作业需求。

（三）保水剂施用

同蓄水保墒技术要点。

三、适用范围

适用于小麦、玉米、马铃薯、棉花、花生、烟草、蔬菜等作物。

"地埋自动伸缩式"喷灌水肥一体化技术

一、技术简介

该喷灌系统输水管道与喷头埋于地下，灌溉时喷头自动伸出地面，灌溉结束后喷头自动回缩地下，实现自动灌溉施肥。

二、技术要点

（一）结构特点

该喷灌集成系统采用多节套管结构，利用微锥形的设计结构、拉簧及压力转换装置，灌溉时喷头依靠水压自动伸出地面进行灌溉，可根据不同作物株高调节喷杆高度，最大高度为300 cm，灌溉结束后自动缩回地面下30～50 cm。

（二）管道铺设

输水管道铺设冻土层以下，河北省中南部铺设深度1.1 m。喷头额定工作压力为0.3 MPa，射程为14～18 m，水流量2～2.5 m³/h。根据地形、风速风向参数，喷头的组合形式采用正方形或三角形布局。支管间距为14～16 m，支管铺设长度最大300 m（铺设长度根据供水量、管道直径、水头损失、地形地貌等确定）。喷头沿支管间距为14～16 m，灌溉均匀度系数大于0.8。

三、应用效果

一般亩节约灌水量30%、节肥15%、节工80%、节地8%，增产10%，水分利用率提高15%～20%；较常规技术相比，亩增收180元左右。

四、适用范围

适用于河北省平原地区，适用于小麦、玉米、大豆、牧草等适合喷灌大田作物，适合土壤类型为壤土及黏壤土。

绞盘式喷灌机淋灌技术

一、技术简介

绞盘式喷灌机淋灌技术是将中高压远射程喷头改为桁架式近射程低压喷头，可显著降低能耗，减少蒸发漂移损失，提高喷灌均匀性。

二、技术要点

（1）采用低压淋灌方式代替高压喷灌，降低水滴飘移或蒸发，减少无效用水，入机水压为 0.25 ～ 0.40 MPa，有效喷幅 40 m，喷灌均匀度 90% 以上。

（2）实现了水肥一体化功能，操作方便，施肥均匀性高。

（3）设置了智能控制系统和专用回收速度显示器，能实现定时定量灌溉和报警。

（4）研发的两款智能机型通过鉴定，拥有自主知识产权 10 项，技术产品获 2019 中国农机行业年度产品金奖。

三、成本效益

以小麦为例，按亩产 575 kg、每千克 2.4 元计算，每亩目标产量收益为 1 380 元，亩均成本投入 500 元，亩均纯收益 880 元，较常规技术相比，亩成本效益增长 25.7%。

四、应用效果

与常规灌溉相比，年亩节水达到 33.76%、节地 5.28%、节工 2.5 个；小麦增产 5.2%，玉米增产 5.7%；相比单喷头喷灌，单机作业每小时节电 2 kW·h 以上。

五、适用范围

适用于规模化、农场化种植模式，主要应用于平原地区，对土壤类型要求比较低，适用于大部分土壤类型。

压力补偿式灌水器及精量灌溉技术

一、技术简介

适用于各种复杂地形包括高落差山地、高端温室大棚等，解决灌水器均匀性差、易堵塞、精准性差等问题，突破国外技术壁垒。

二、技术要点

（1）管上式压力补偿式灌水器，突破了流量及压力补偿效果不佳的行业难题，并完成了系列化的产品设计及生产，进行了田间应用及示范，各项性能指标达到了国标指标。

（2）通过改善压力补偿式灌水器的迷宫流道设计，创新性采用新配方材料，革新芯片制造关键技术，优化水力性能，入口精密滤窗设计，增加初级过滤能力；长条流流道设计抗堵塞性能更好；超低补偿功能启动压力，更为节能；流态指数 < 0.1，流量变异系数 < 5%，流量均匀度 > 90%；压力补偿范性能达到 50～500 kPa，超宽的压力补偿范围，适用性更强。

（3）通过 CFD 模拟，得到了灌水器内部压力、流速分布图及弹性膜片随压力变化的分布图，掌握了压力补偿性能的关键技术；采用新材料、新工艺对压力补偿膜片进行改进生产，提高了产品的稳定性能。

（4）首次采用液体硅胶及注射成型的工艺制造压力补偿膜片，严格控制塑料成型工艺跟模具制造进度，使单个产品制造差异做到最小，确保批量的性能稳定。

（5）该灌水器设计新颖、结构简单、体积小，自动化装配效率高，制造成本低。适于复杂地形的应用，同时能够降低制造成本，有利于压力补偿灌水器的推广。

（6）借助水流压力使弹性硅胶片改变出水口断面，调节流量，使出水稳定。在一定的压力差范围以内，不管压力如何变化，始终保证流量的一致，可确保作物获得水分、养分的一致性。

（7）灌水器间距根据作物株距可任意调整。

（8）节水性能更佳，灌水均匀度高。

（9）具有自动清洗、抗堵塞功能。

（10）压力补偿性强，特别适用于起伏地形，系统压力不均衡和毛管较长的情况。

（11）抗农用化学制品和肥料的腐蚀和紫外线，使用寿命长。

三、成本效益

以苹果亩产 2 800 kg、每千克 3.6 元计算，每亩目标产量收益 10 080 元，亩均灌溉设备一次性投入成本 1 500 元，可使用 8 ～ 10 年。亩均纯收益 7 080 元；较常规技术相比，产量增加 30%，用水节约 50%，肥料利用效率提高 30%。

四、应用效果

在传统农业中，特别是山地，落后的灌水方式需要人工抽、挑抬水进行灌溉、施肥及喷药，每亩年约需 8 个工日，而且往往由于管理工作量大，常出现管理不及时不到位，导致错过最佳灌溉、施肥机喷药时期。技术运用和实施后，大大减少了管理工作，由灌溉系统统一调度使用，仅一人即可管理大面积基地，通过压力补偿灌水器的研发使用能够实现农业灌溉施肥的自动化。能够节约可观的人力成本，同时利于规模化产业化的的种植，节约土地成本，并提高果蔬的产量和品质。灌溉保证率可提高到 85% 及以上，灌溉水利用系数可提高到 0.80 ～ 0.90，相比渠道引水灌溉每亩每年可节水约 55 m³。有利于打开市场，形成经济效益，有利于引领农业施肥灌溉向自动化、智能化跨越，形成科技效益，最终实现经济、生态农业、科技的融合。

五、适用范围

产品适用范围广，可用于温室、大棚、蔬菜、果树、药材、苗木等经济作物灌溉，特别适用于丘陵、山地等高落差的地形。尤其适用于系统压力不稳定、需要增加毛管长度、地形复杂，特别是地块不规整、作物栽培不规则、丘陵地形、地块长、规模化种植环境等情况。

冬小麦圆形喷灌机水肥一体化技术模式

一、技术简介

以圆形喷灌机为平台，采用泵注式施肥装置实现喷灌水肥一体化，可进行少量多次、高均匀度灌溉施肥作业。

二、技术要点

（1）利用田间已有的圆形喷灌机，在泵房或喷灌机中心支座处安装专用的泵注式施肥装置，并配有贮肥桶和搅拌器，通过施肥装置将预配均匀的肥料溶液注入喷灌机供水管道，与灌溉清水混合稀释后，通过喷头均匀喷洒到作物冠层上方，确保喷洒肥液浓度不变。

（2）在有条件的地方配备信息采集和无线远程操控系统，可根据土壤墒情实现手机远程控制喷灌机和井泵工作。

（3）在冬小麦关键生育期进行喷灌水肥一体化作业，分两步进行，首先喷灌机按百分率值80%左右的行走速度喷洒水肥溶液，其次再灌溉该生育期的剩余灌水量。建议在清晨或傍晚进行，而且风速不超过3级。

（4）施肥计划。冬小麦底肥亩施入 $3.6 \sim 4.8$ kg 氮肥（约占30%全生育期施氮总量），$6 \sim 10$ kg 磷肥（P_2O_5），$5 \sim 8$ kg 钾肥（K_2O）；亩追施氮肥总量 $8.4 \sim 11.2$ kg，可按照 $3:1:1$ 的比例分别在返青期—拔节期、拔节期—开花期和开花期—灌浆期施入。

（5）灌溉计划。根据土壤墒情可亩喷灌 $10 \sim 20$ m^3 出苗水，在上冻前喷灌 $20 \sim 30$ m^3 越冬水。次年在冬小麦的返青期—拔节期亩灌水 $30 \sim 35$ m^3，拔节期—开花期灌水 $30 \sim 35$ m^3，开花期—灌浆期灌水 $20 \sim 30$ m^3。若遇到连续降水可推迟灌溉或减少灌水量。5月中下旬干热风时喷灌机可按照百分率值100%的最快速度喷灌 $1 \sim 2$ 圈，以有效缓解干热风影响。为避免贪青晚熟，进入6月一般不再灌溉。在平水年生育期亩总灌溉水量 $110 \sim 120$ m^3，干旱年份灌溉水量约 150 m^3。

三、成本效益

应用圆形喷灌机水肥一体化技术比人工撒施节约成本 72%，比普通机施节约成本 67%。在北京通州区 5 年大田试验发现，在相同灌水量、施肥量下冬小麦增产 21.7%。与常规技术相比，冬小麦采用圆形喷灌机水肥一体化技术后（图 1、图 2），亩效益增加 245 元。

图 1   图 2

四、应用效果

与农户管理经验对比，灌水量每亩减少 40～60 m³，节水量 20%～30%；纯氮减施量 3～5 kg/亩，节肥量 15%～20%，冬小麦增产 11%～14%。

五、适用范围

该技术适用于各类土壤和大田作物，可应用于已安装有圆形喷灌机的田块。对于连片耕地面积超过 50 亩以上的，均适合新装圆形喷灌机及施肥装置。

低压滴灌控漏节水技术

一、技术要点

浇水前，引水源入 $3 \sim 5$ m³ 的蓄水池，用 $20 \sim 25$ m 扬程潜水泵将水打入滴灌管。低压滴灌灌水原则应少量多次，每次 $15 \sim 20$ min，晴天每亩灌水 $1.5 \sim 2$ m³，阴天每亩灌水 $1 \sim 1.5$ m³。定植前测定土壤养分，根据蔬菜需肥特点和土壤养分情况配制滴灌专用水溶性肥。

二、应用效果

与地面灌溉相比，减少 25% 左右灌溉用水；无须增压设备、减少成本。

三、适用范围

适用于河北省日光温室种植效益较高的蔬菜种植。

全覆膜膜孔微灌控漏节水技术

一、技术要点

在地膜上每隔 15 ～ 20 cm 均匀打直径 0.5 cm 小孔，且在沟底和沟半腰处打三排孔，于灌溉沟内进行灌溉。

二、应用效果

减少灌水 25% ～ 30%，蔬菜产量提高 10%。

三、适用范围

适用于河北省露地蔬菜种植。